틈만 나면 텃밭으로 달려가는
도시농부들 이야기

틈만 나면 텃밭으로 달려가는
도시농부들 이야기

초판 1쇄 발행 2005년 3월 30일
초판 1쇄 인쇄 2005년 3월 27일

펴낸곳 | 소나무
펴낸이 | 유재현
글쓴이 | 안철환
그린이 | 전진경
기획 · 출판감독 | 안철환
편집 | 이혜영
마케팅 | 안혜련, 장만
표지 · 내지디자인 | 예감
인쇄 | 영신사
제본 | 영신사

등록일 | 1987년 12월 12일 제2-403호
주소 | 서울시 마포구 상암동 11-9, 201호
전화 | 02-375-5784
팩스 | 02-375-5789
이메일 soltree@chol.com
ⓒ 안철환

ISBN 89-7139-808-6 03520

틈만 나면 텃밭으로 달려가는
도시농부들 이야기

소나무

하나부터 열까지 좌충우돌 농사일기

처음 주말농사학교를 열면서 기존의 주말농사처럼 운영해선 안되겠다는 의지를 단단히 가졌습니다. 특히 지금 제가 운영하는 주말농장은 마을의 한 아저씨가 하던 것으로, 2년 동안 옆에서 지켜 봐 왔기 때문에 문제점을 익히 알고 있었지요.

우선 지적할 점은 화학약품에 의존하는 관행농업으로 주말농사를 한다는 것입니다. 잘해야 열 평에서 스무 평 되는 밭에서 제초용 비닐도 깔고 화학비료도 줄 뿐만 아니라 농약까지도 뿌립니다. 제초제도 물론이고요.

관행농업이라 해서 무조건 나쁘다고 할 수는 없을 겁니다. 그런데 손바닥만한 땅 덩어리에 내 가족 먹자고 하는 것인데 농약을 뿌려대니 안타까운 일이지요. 농약을 쳐야 농사짓는 것 같은 고정관념이 그만큼 무섭습니다.

그런데 봄에 깔았던 비닐은 겨울이 되어도 아무도 걷질 않습니다. 이리저리 찢긴 비닐은 사방으로 날아가 산속 나뭇가지에 걸리고 제 밭에도 뒹굴어 다니곤 하지요.

주말농장을 운영하는 사람은 봄에 땅을 갈아 주고 거름 주어 구획을 나눈 다음 분양만 하면 끝입니다. 다른 주말농장도 마찬가지지요. 그렇게 봄에 분양 받은 사람들은 대략 20가구는 될텐데 여름 장마가 지나고 가을이 되면 두 세 가구 정도만 남습니다.

농사를 어떻게 짓는지도 잘 모르고, 남자들은 와서 삼겹살에 소주 먹는 재미로 오거나, 자연을 사랑하는 마음보다는 내 가족 입에 들어갈 채소 정도나 거둬 가면 그 뿐이라는 생각이 지배적이지요.

그러다가 여름 장마철이 지나면 밭은 온통 잡초의 밀림으로 변하고 작물은 잡초 속에 치이고 있으니 싫증이 나 발길을 뚝 끊어버리지요.

농사는 단지 취미로만 그쳐서는 안된다는 게 제 평소 생각입니다. 내 손으로 내 가족 밥상 자급을 목표로 할 때 농사도 재미있거니와 생산자로서 자부심도 높이고 건전한 생태운동으로 나아갈 수 있다고 생각했지요.

밥상자급 가운데 우선적으로 강조한 것이 김장 자급이었습니다. 봄, 여름 농사는 실패해도 좋으니 가을의 김장 농사만큼은 절대 포기하지 말라고 강조했습니다. 사실 텃밭에서 할 수 있는 봄, 여름 농사라는 게 채소거리나 군것질거리밖에는 신통한 게 별로 없지요. 연습 농사라 해도 크게 틀리지 않을 겁니다.

가을엔 잡초가 들어가는 시기라 봄 여름에 비해 일이 아주 수월한 편입니다. 다만 제일 중요한 배추의 경우 벌레가 좀 끼는 게 흠이기는 하지만, 벌레 먹은 배추가 더 맛있고 생명력이 있다고 강조했지요.

그런데 제가 인수한 주말농장은 관행농업을 하던 곳이어서 벌레가 너무 많이 끼었습니다. 벌레 먹은 게 더 맛있다고 말은 했지만 정작 벌레에게 무참히 당해 그물 배추가 되거나 주먹크기밖에 되지 않는 배추를 볼 때면 제 얼굴이 후끈거렸습니다. 그런데도 유기농을 5년 넘게 한 제 밭의 배추는 농약 준 것 못지않게 우람하게 잘 자라고 있으니 더 회원들 볼 면목이 없었지요.

그러나 제 배추는 오히려 영양 과잉이 되어 오래되자 김치가 물러져 버렸습니다. 처음엔 그렇게 맛있더니 역전되고 만 것입니다. 반면 벌레에게 무참히 공격당한 회원의 김치는 오래 갈수록 그 진가가 드러나고 있는 것 아니겠습니까. 질기기만 하던 것이 갈수록 사각사각하니 참 별미였지요.

김장 자급 다음이 쌀 자급이었는데, 내친 김에 벼농사까지 벌이고 말았습니다. 생각지 않던 묵은 논을 빌릴 수 있었거든요. 처음엔 두레 논으로 하기로 했습니다. 열심히 모내기도 했지요.

그런데 결국 멀리 서울에서 오는 분들의 논은 실패하고 말았습니다. 안산에 사는 분들의 논은 성공했거든요. 주말 농사의 한계를 알게 해준 경험이었습니다. 논에 물을 가두지 못한 게 제일 큰 원인이었습니다. 산의 계곡물을 끌어다 담는 일이 뜻대로 되질 않았지요. 모두들 포기하자 했지만 우리 회원분들은 안 그랬습니다. 집이 가까우니 자기들 몫은 책임지겠다고 했어요. 그리고는 수확한 쌀로 떡까지 해 먹었으니, 대단하지 않습니까?

다음으로 시도한 것은 두레 콩농사였습니다. 두레밭을 만들어 콩만 심기로 하고 수확물 중 반을 모으기로 했지요. 방식은 개인별로 분양을 해주고 각자 알아서 하기로 했습니다. 그 콩으로 늦가을에 두부 만들어 먹는 잔치를 했지요. 추수 감사절을 겸해서 말이지요.

잔치는 참으로 재미있었습니다. 회원들만 참여한 게 아니라 이웃 농장 분들도 오시고 안산의 이웃들도 참여하여서 열기가 대단했지요. 올해의 MVP도 뽑고 감사상도 드렸습니다. MVP는 벼농사 한 분이 뽑혔고, 감사상을 드린 분은 늘 보이지 않게 저희 회원들을 도와주셨던 마을 아저씨였습니다.

회원들은 저마다 농사지은 것으로 맛있는 음식들을 잔뜩 싸왔습니다. 일 때문에 참석 못하는 분은 전날 갖다 놓기도 했지요. 손님들도 절대 빈손이 아니었습니다. 먹을 것도 마음도 모든 게 풍년이었습니다.

그러나 모든 게 처음부터 잘 된 것만은 아니었습니다. 실망도 많았지요. 농사를 전혀 경험해보지 않은데다 대부분 도시 생활에만 익숙한 사람들이라 하나부터 열까지 좌충우돌의 연속이었습니다. 제 입에선 점점 잔소리가 늘어갔고, 하지 않아도 될 일이 많아졌습니다. 아내의 핀잔도 피할 수 없었지요. 그렇지만 죽은 흙을 살리느라 땀흘린 회원들의 노고에 비하면야 새발의 피라고 할 수밖에 없을 겁니다. 그리고 그 혼란은 얼마가지 않았습니다. 나중엔 더 큰 희망을 얻고서 한해를 마무리할 수 있었지요.

이 책에는 일 년의 농사 과정 속에서 회원들과 씨름하며 주고받은 마음이 고스란히 녹아있습니다. 초보 농사꾼들에게 유용한 농사정보도 가려 실었습니다.

지난 한해를 돌이켜 보니 이 한 권의 책도 작년 농사의 결실인 것 같아 기분이 좋습니다. 아주 모진 흙 때문에 그렇게들 고생하셨음에도 누구도 탓하지 않고 주인의식을 갖고 열심히 흙을 가꾼 회원님들께 감사한 마음 뿐입니다. 온갖 정성으로 죽은 흙을 잘 가꾸어 놓았으니 올해는 작년보다 더 큰 행복을 일굴 것이라 기대합니다.

다시한번 우리들 모두의 마음을 모아 올해도 풍년의 해가 되길 간절히 빌어 봅니다.

바람들이 텃밭에서 2005. 3. 25

1부 도시 텃밭일기

봄 농 사

벼 농 사

3 여 름 농 사

4 농 사 문 화 만 들 기

2부 흙 한평 가꾸기

봄농사 ——— 1

봄 흙은 아이 살결같다

자동차에게 공터를 빼앗긴 아이들이 넓은 밭에 오면 아주 신이 나서 난리예요. 부모들도 너른 자연에 오면 해방감을 느끼고, 그렇게 즐거워하는 아이들을 보면 더없이 좋아하죠. 그 마음 왜 모르겠습니까마는 그래도 아이들이 밭을 마구 밟고 다니지 않도록 좀 말려 주세요.

봄에 밭에 오셔서 흙을 밟을 때는 조심조심 다녀야 합니다.

아무 생각 없이 밟고 다니는 우리 발 밑에는 풀의 새싹과 알에서 꼬물거리는 작은 벌레들과 수많은 연약한 생명들이 막 태어나고 있기 때문이죠. 인간이야 어머니의 보호 아래 안전하게 태어나 자라지만 자연의 새 생명들은 그런 든든한 보호자가 특별히 없습니다. 그냥 흙이 어머니고 햇빛이 아버지인 셈이에요.

그래서 봄에 밭에 오시면 아주 사뿐사뿐 걸어 다녀야 한답니다.

식물들은 아무 말도 못하고 듣지도 보지도 못하는 것 같지만 실은 느낄 것은 다 느끼고 스트레스에도 매우 민감하답니다. 사람이 자주 지나다니는 길가 쪽 풀이나 작물은 쿵쾅거리는 발자국 소리에 스트레스를 받아 잘 자라지 못한다네요. 가시나무 같이 예민한 식물이 길가 쪽에서 자라게 되면 가시를 더 사납게 키운다고 합니다.

로터리(기계로 흙을 가는 일)도 치지 않는 무경운 밭이나, 유기농법으로 살아 있는 흙에선 한 걸음 한 걸음마다 더욱 조심해야겠습니다.

밭에서 다닐 때에는 빙 돌아가기 싫어 질러가고 싶다 해도 길이 아닌 곳은 가서는 안 됩니다. 그곳에 농부가 어떤 작물을 심어놓았을 수도 있고, 꼭 그렇지 않더라도 땅 속에선 무언가가 열심히 자라나고 있기 마련이니까요. 그리고 밭 안에서는 두둑을 밟지 말고 고랑으로 다녀 주세요.

밭에 올 때 아이들에게 알려주세요. 밭은 미구 뛰어다니는 놀이터가 아니라, 무수히 많은 소중한 생명들이 새로 태어나고 있는 거룩한 탄생의 현장이라고요. 추운 겨울을 혼자 힘으로 견뎌서 스스로 부활하는 신비롭고 놀라운 생명의 현장이라는 걸 꼭 알려 주세요.

아이들이 자연 속에서 생명들을 소중한 마음으로 관찰하고 배우는 것이야말로 백 마디 말보다 중요한 진짜 공부가 될 것입니다.

4월 27일 호박은 어떻게 심나요?

　지난주 교장님이 안 계시던 날에 울 짝궁이 얼마나 힘들어 보이던지 애가 타더라구요. 어떤 호박을 선택해야 할지도, 어떤 퇴비를 어디에서 가져와야 할지도 몰라서요.

　진흙처럼(냄새가 장난 아니게 고약했음) 생긴 퇴비를 30센티미터 정도로 판 흙구덩이에다 채우고 위에다 호박을 심었는데, 지금에 와서 퇴비가 잘못 된 것 같다고 하네요.

　너무 독한 거라서 질식사 할지도 모른다고 걱정을 하고 있습니다.

　오는 토요일에도 일요일에도 농장에 갈 수가 없는데 우리 호박은 어떻게 되는지요? 저같은 왕초보 때문에 많이 힘들어하실 교장님께 또 한번 감사드립니다.

＿＿ 강 혜 숙

안 철 환 ＿＿＿

　호박은 원래 생똥 묻은 것 위에다 심어도 잘 자랍니다.

　그렇지만 되도록 바로 위에다 심지 않고 약간 비켜난 곳에다 심지요. 혹시나 해서….

　퇴비를 채운 위에다 흙을 약간 두텁게 깔고 심었다면 괜찮을 텐데요. 퇴비 바로 위에다 심지는 않았겠지요?

혹시 죽었다 해도 또 심어도 늦지 않습니다. 제가 모종은 준비해 놓겠습니다.

마디호박은 없고 조선호박은 있거든요.

| 호박심기 |

구덩이를 파서 생똥이나 덜 삭은 거름을 담고 흙으로 북돋아 덮은 다음 그림처럼 모종을 거름 자리에서 약간 비켜난 곳에 심는다. 구덩이를 크게 하면 모종을 여러 개 심을 수 있는데 약 30cm 지름과 깊이로 구덩이를 판다면 두 개가 적당하다.

4월 27일   쓰레기 유감

어떤 분이 고기왕만두 드신 찌꺼기를 비닐에 담아두고 간 모양인데, 그 봉지를 밤새 날짐승이 헤집고 갔습니다.

헤집어 찢어진 쓰레기가 흩날려 주워 담느라 정신없었지요.

음식물을 담았던 봉투는 조심해야 합니다. 버리더라도 반드시 남은 음식물 찌꺼기는 따로 분리해서 음식물 버리는 곳에다 버려야 합니다.

특히 시장에서 사온 과일 껍질을 아무 데나 버리면 큰일입니다. 농약 묻은 것이라 들짐승이 먹으면 농약 중독으로, 불임에 걸리기도 한답니다.

쓰레기를 남기는 건 되도록 가져오지 않는 게 좋겠어요. 혹 필요해서 가져왔다면 꼭 다시 가져가 주세요. 그렇게 하기 힘든 상황이라면 마무리를 확실하게 합시다.

반드시 분리수거하자!

정확한 장소에 투척하자!!

진짜 요즘은 쓰레기 시대죠. 돈 주고 사는 모든 물건마다 쓰레기가 안 생기는 게 없어요. 도시처럼 청소하는 미화원이 있는 것도 아니고 치워가는 청소차도 들어오지 않는 우리 농장 같은 곳은 이거 정말 대책이 없거든요. 다같이 도와주시면 고맙겠습니다.

싹이 잘 자라고 있어요

5월9일

한 주는 바람이 세서 왔다가 그냥 가고, 그 다음주는 집안 일로 빠져서 지난 목요일에 갔더니 아무도 아니 계셔서 농장구경만 하고 왔습니다. 푸릇푸릇 싹이 난 것이 어찌나 신기롭고 예쁘던지요. 자주 가보지는 못해도 항상 마음이 농장에 가 있답니다. 또 비가 오면 어찌나 반가운지··· '싹이 잘 자라겠구나' 하는 생각에 입가에 미소가 절로 난답니다. 예전에 비가 오면 날씨 궂다고 싫어라 했었지요.

단지 손바닥만한(그보다는 좀 큰가요?) 밭에 씨 조금 뿌렸을 뿐인데 사람의 생각과 관심이 이렇게 달라지는지 참으로 놀랍습니다. 이번 주에는 고추, 토마토, 오이, 고구마 많이도 심었다고 큰아이가 좋아합니다. 아이들이 밭에 가는 것을 얼마나 기다리는지요. 큰애는 벌써부터 다음엔 무얼 심느냐고 궁금해 합니다. 농장 일이 저희 가족에게는 큰 기쁨이랍니다. 오늘 비에 어제 심은 녀석들 잘 자라겠지요? 다음 토요일에 뵙겠습니다.

_____ 조 선 정

안 철 환 _____

좋지 않은 흙을 보고 있노라면 마음이 항상 언짢았는데, 오늘만큼은 그렇지 않았습니다.

주차를 하며 비오는 밭을 보노라니 어느새 파란 싹들이 눈에 확 들어왔습니다.

싹이 나온 것은 그래도 며칠 되었지만 오늘은 흙보다 파란 싹이 더 많아 보였습니다.

다음엔, 가지와 대파 모종을 심을 수 있을 것 같습니다.

다시 계획을 잡고 올리겠습니다.

김 현 심 _____

어제 밭에 가보니 흙색이 푸르게 바뀌고 있더군요.

갈 때마다 올라오는 어린 떡잎이 저를 반겨줍니다.

오이와 고추 모종을 심어놓고 왔지요.

비오는 토요일

비오는 토요일입니다.

비가 오니 밭에 못 가겠네, 하지 마시고 잠깐이라도 비 오는 밭을 구경할 겸 들르는 습관을 들이면 좋습니다.

농부들이 비가 온다고 해서 무조건 집에서 쉬는 게 아닙니다. 아침에 우비 입고 삽 들고 나가서 논과 밭의 이곳저곳을 둘러보지요. 둑은 문제가 없는지, 고랑에 막힌 곳은 없는지, 밭에 물이 들어차 망가질 곳은 없는지 둘러보고 고칠 곳은 고치고서 집에 들어와 쉬지요.

그런 것도 모르면서, 좋은 핑계다 하고, '비 오는데 무슨 농사냐?' 하며 '방콕'들 하지요.

그런다고 비가 많이 오는데 무리하지는 마세요. 내일 오전 중에 그친다니 점심 드시고 오셔도 좋을 것 같습니다.

내일 귀농본부의 귀농가게가 첫 문을 여는 날이라 저는 그곳에 참석했다가 오후 3시쯤 밭에 갈 것입니다. 제가 없으면 궁금한 것은 이씨 아저씨께 물어봐도 됩니다. 우리 하우스 옆 하우스 주인어른 아시죠?

고추, 토마토, 오이, 고구마까지 다 심었으면 이제 남은 모종은 가지입니다. 가지 모종은 고추 모종 맞은편 맨 오른쪽에 토마토와 함께 뒤에 심어져 있습니다.

물을 듬뿍 주고 한 10분 있다가 모종삽으로 뿌리가 다치지 않도록 흙째

떠 가면 됩니다. 심는 요령은 고추 심을 때처럼 모종삽이나 호미로 구멍을 파고 물을 듬뿍 담은 다음 모종을 넣고 흙을 덮습니다. 흙을 덮은 다음에는 물을 주지 마십시오. 포기마다 간격은 고추보다는 좀 넓게, 대략 50~60cm 정도 띄우면 됩니다. 한 집 당 대 여섯 개씩 가져가면 맞을 겁니다. 이미 심으신 분들은 전에 씨를 뿌린 채소들이 너무 **빽빽**하게 자라 있으니 솎는 일을 하면 좋겠습니다. 너무 **빽빽**하여 아우성들입니다. 솎을 때는 두세 번에 걸쳐 한다 생각하시고, 간격은 포기가 다 자라 수확할 때를 염두에 두고 하시면 될 겁니다. 가령 배추 같은 경우 얼갈이로 키워 먹으려면 5cm, 통배추로 키워 먹으려면 30cm 쯤 띄운다 생각하고 솎으면 되겠습니다.

그리고 나선 바람도 쐬시고, 다른 밭도 구경하면서 한가롭게 지내시면 되겠습니다. 이제부턴 농한기다 하고 말이죠.

강 혜 숙 ____

아우성칠 채소들이 생각이 나서 도저히 기다릴 수가 없습니다.
마음이 급해집니다.
비가 와도 우산 쓰고 가야겠어요.

| 모종심기 |

못자리에서 모종을 뜰 경우_
물을 골고루 뿌린다.
모종은 속잎이 세 개 이상 나와야 옮겨 심을 수 있다.
물을 주고 대략 10~30분 후에 물이 충분히 흙을 적신
다음 뿌리가 다치지 않게 모종삽으로 흙 채 잘 뜬다.

포트나 컵에서 모종을 뜰 경우 _
물이 흙을 충분히 적신 다음 손으로 컵이나 포
트 밑을 쿡 누르면 모종이 흙채 빠져 나온다.

물을 구덩이에 듬뿍 담
는다. 모종을 구멍에 넣
고 흙으로 덮는다.

고추 간격 40cm   가지 간격 50cm   배추 간격 50cm   오이 간격 1m

5월17일 첫 수확

우린 지난 토요일에 첫 수확을 했답니다.

일이 생겨 한참을 안 갔더니, 그 사이에 우리 텃밭에선 채소들이 풍성하게 자라고 있었습니다.

'언제 이렇게 자랐을까!'

반갑기도 하고, 안쓰럽기도 하고….

어떤 걸 먼저 솎아야 할지를 몰라서 제 생각대로 많이 자란 것부터 먹을 수 있을 것 같아 제일 잘 자란 것부터 솎았답니다.

우리 가족 먹기엔 아주 많아서 옆에 계신 분들과 나눴는데도 얼마나 많은지. 도토리묵하고 양념해서 무쳐먹고, 고추장 넣어 비벼먹고… 주말 식단이 풍성했답니다.

가족들이 입에서 살살 녹는다며 좋아했어요.

부지런하게 노력하면, 이런 기쁨 만끽할 수 있지 않겠어요… 킥~

사실은 처음 하는 거라 먹을 수 있으리라 기대도 안 했었는데….

_____ **강 혜 숙**

안 철 환 _____

솎는 일은 재배법에 매우 중요한 과정입니다. 그 자체가 수확이기도 하고, 또 가꾸기이기도 하지요.

솎는 방법은 대부분 덜 자란 것을 뽑아주고 잘 자란 놈을 남기는 것인데요, 얼갈이나 열무나 상추 같이 최종 결과물만이 아니라 솎으며 중간에 거두는 수확물도 요긴한 것은 큰 놈부터 솎습니다. 몇 번 더 솎을 예정이기도 하고, 그래서 충분히 더 자랄 여지가 남아있기 때문이죠.

그러나 마지막에 솎을 때는 덜 자란 놈을 뽑아냅니다. 이 때는 이제 최종 결과물이 중요하기 때문이지요.

그러나 옥수수 같이 솎는 게 수확이 아닌 것은 덜 자란 놈을 뽑아내 버립니다. 먹지 못하기 때문이지요.

솎을 때는 풀 매는 일과 같이 하는 게 좋습니다. 한 줄을 먼저 솎고 나서 호미로 풀을 매주며 동시에 작물에 북을 줍니다.(북을 준다는 것은 작물 줄기 중심으로 흙을 긁어 모아 주는 것입니다. 야구에서 투수 자리를 약간 언덕지게 높이를 준 것을 마운드mound라고 하듯이 작물에 북주는 것을 영어로 마운딩이라고 합니다.)

| 솎아주기 |

처음엔 잘 자란 놈들을 솎아 먹고, 마지막엔 반대로 잘 자란 놈을 놔두어 크게 키워 먹는다.

| 북주기 |

주변의 흙을 긁어모아 작물의 떡잎까지 덮어준다.

5월 17일 마음이 아팠어요

저희는 수확할 게 없어 마음이 많이 아팠답니다. 옆집은 이렇게 풍성한데…. 까르푸에서 상추씨를 산 것이 잘못인지, 아니면 땅의 영양분이 골고루 섞이지 않아서인지, 그도 아니면 정성이 부족해서인지 상추가 몇 포기 나지 않았습니다. 일요일에 다시 가서 상추 모종을 잔뜩 심고 왔습니다. 몇 주 후면 저희도 수확을 할 수 있겠지요?

하여간 주신 베이비야채로 저녁 잘 먹었습니다. 아주 맛이 좋아요. 아이들도 잎이 예쁘다고 쌈장 찍어 먹었답니다. 감사~ 꾸벅.

_____ **조 선 정**

김 영 선 _____

하하. 조선정 님. 어제 텃밭에서 '까르푸 상추씨' 얘기를 하며 한숨 쉬던 모습이 기억나네요.

어찌나 속이 타셨는지 "교장님, 왜 똑같이 배워서 심었는데 어떤 밭은 작물이 잘 크고 어떤 밭은 도통 안 크나요?" 하고 물으셨다가, "밭에 거름이 골고루 뿌려지지 않아서일 것"이란 말을 듣고 안심하시던 모습이 재밌었어요.

다음엔 쑥쑥 많이 자란 수확물을 보고 기뻐하시는 모습도 보고 싶네요.(저는 테이블에서 오징어 뺏어먹던 여자입니다.)

콩 두레 농사

메주콩을 공동으로 심어 늦가을에 두부 만들어먹기 행사를 하려고 합니다.

메주콩을 각자 심으면 양이 적어 감히 두부 만들 생각을 못했는데, 논 두 배미 중에 하나만 벼를 심고 하나는 콩을 심으면 될 것 같습니다. 그 땅을 두레밭으로 만들려구요.

따로 밭을 힘들게 일굴 것도 없고 거름도 줄 필요 없으니 그리 품이 많이 들지 않을 겁니다. 오늘 괴산에서 잡곡 농사 하시는 분을 만나 수수와 조 농사법 취재도 하고, 메주 콩 종자도 구해 왔답니다. 파종 시기는 6월 초가 적당할 것 같습니다. 6월 5일이나 6일쯤 잡을까 합니다.

이 일 형 ____

저도 두 종류의 토종 콩을 갖고 있습니다.

하나는 생협 정선 생산자로부터 얻은 청태(색깔이 녹색빛을 띔)로, 밥에 넣어서 먹으면 달고 부드러워서 맛있습니다.

그리고 다른 하나는 작두콩의 일종이라는데 이름은 알 수 없습니다. 제가 일하는 식당 아저씨가 텃밭에서 재배하는 것을 보고 얻은 종자입니다. 콩알도 큰데다 울타리를 타고 올라가 널찍하게 자리를 잡습니다. 꽃도 일품이지요. 아직 먹어 보지는 못했습니다. 아마 동부콩이나 작두콩 같은 맛이 나지 않을까 생각됩니다.

함께 지어서 맛나게 먹어 보죠. 땅 힘도 길러 주고 우리 몸에도 많은 도움을 준다고 하니 많은 농부님께 나누어 드리겠습니다.

이 선 신 ____

와, 정말 신나네요. 안 그래도 콩을 놓친 것이 너무 아쉬웠습니다.
저는 콩을 아주 좋아하거든요. 밥 지을 때 꼭 현미 10곡밥(현미, 현미찹쌀, 흰쌀, 조, 수수, 서리태와 약콩, 강낭콩, 팥, 흑미, 보리)으로 해먹기 때문에 콩을 잘 먹는데다가, 메주콩으로는 두유 만드는 기계로 두유를 만들어 먹거나, 콩국수를 만들어 먹습니다.
강낭콩과 서리태는 벌써 늦었다고 하여 너무 아쉬웠는데, 두레밭에 콩을 재배하면 콩 자라는 것을 보게 되어 너무 좋을 것 같습니다. 무엇보다 콩이 어떻게 생겼고 어떻게 자라는지 알고 싶거든요. 열심히 돕겠습니다.

엉 경 퀴 ____

귀농학교 27기 수료생입니다. 제가 일하는 단체에서도 올해부터 주말농장을 운영하고 있는데요. 그 실무를 맡고 있습니다. 무식하면 용감하다는 말을 실천하면서 매일 매일 이 게시판에 들어와 공부를 하고 있습니다.
저희도 콩심기 두레를 하면 좋을 것 같은데요. 40여 가구가 함께 하려면 몇 평 정도의 땅에 어떤 방식으로 진행을 하면 좋을지 조언을 구하고 싶습니다. 초면에 너무 무례한 질문을 하진 않았나 모르겠습니다.

한 결 이 ____

전 회원은 아니지만 심을 콩 좀 구할 수 있을까요?

안 철 환 ____

엉겅퀴 님.

열심히 농사짓는 것 같아 보기 좋네요. 두레농사까지 할 계획이라니 대단합니다.

평수를 정하는 데는 가구 수가 중요한 게 아니라, 목적과 용도가 중요하겠습니다.

40가구의 된장 담글 것을 한다면 꽤 면적이 넓어야 할 겁니다.

그냥 두부 만들기 행사를 목표로 당일날 회원들과 먹을 것만 한다면, 100여 평이면 충분하지 않을까 싶습니다.

한결이 님.

콩 종자는 생협에서 파는 것을 사다 심으면 됩니다. 시장에는 수입산도 많아서 아무래도 생협의 것이 좀더 신뢰가 가겠지요.

5월 18일 쥐똥나무 씨 싹 트다

나무 씨는 발아시키기가 꽤 어렵답니다.

곡식이나 작물은 대개 일년생이라 싹도 금방 트지요.

하지만 나무는 다년생 풀보다도 오래 사는 것이라 싹도 금방 틔우지 않는다네요.

늦게 싹을 틔우는 것도 나무의 생존전략이랍니다. 자기한테 적당한 조건이 될 때까지 기다린다는 거죠. 야생성이 강하고, 생명력이 강할수록 더 그런 것 같습니다.

재작년에 쥐똥나무 씨앗을 잔뜩 얻어다 그물주머니에 넣어 늦가을에 흙에다 묻어 두었습니다. 그렇게 겨울을 나고 봄에 꺼내어 화단으로 쓰려고 만든 밭 두둑에다 심었지요. 모종 키우듯이 포트나 컵에다 키웠어야 했는데, 아무 생각 없이 그렇게 했지요.

그래서 화단에 풀이 많이 올라와 매줄 때 결국 함께 뽑혀 버렸습니다. 풀 다 매고 나서 그때서야 '아차, 쥐똥나무!' 하고 한참을 후회했지요.

그리고는 또 쥐똥나무는 싹 까먹고 작년에 새로 씨를 얻어다, 이번엔 컵에다 심었지요. 그런데 얼마 안 있어 화단에 이상한 풀이 올라오는 거지 뭡니까. 풀은 아닌 것 같은데, 도토리가 날아와 씨를 터뜨렸나 해서 자세히 보면 참나무 잎사귀가 아니구요. 마을 아저씨가 오셨기에 물어보았더니,

"아, 그거 조팝나무 씨가 날라와 싹을 틔운거네요."

그래 둑에 심은 조팝나무를 보니 비슷한데요. 맞는 것 같기도 하고, 아닌 것 같기도 하고, 헷갈리다 또 까먹었죠.

그리고 올해 다시 컵에 심은 게 싹이 올라오기 시작했어요. 창포 씨, 범부채 씨와 함께 그 옆에다 심었는데, 풀보다 먼저 나무가 올라온 거예요. 아마 겨우내 흙 속에 있으면서 껍질이 부드러워져 발아가 더 빨랐던 것 같습니다.

여하튼, 고놈들이 신기해 자세히 들여다보니 어디서 본 것 같단 말이에요. 잘 기억이 안나 그러고 말았는데, 며칠 뒤 화단의 풀을 매게 되었지요. 아, 그랬더니, 새카맣게 까먹었던 쥐똥나무가 거기 있지 않습니까?

속으로 얼마나 쾌재를 불렀는지요. 풀매며 다 뽑힌 줄 알았더니, 살아남은 놈들이 제법 한 뼘만큼 자라있지 뭡니까? 아까 조팝나무로 착각했던 그놈들 말이죠. 그래 다시 소중히 떠내어 따로 옮겨 심었습니다.

요즘, 밭에 그놈들 보러 가는 재미로 삽니다. 얼마나 기분이 좋은지요. 뭐든지 새싹들은 참 아름다운 것 같습니다.

얼마 전까지는 꽃이 제일 아름다운 줄 알았어요. 그런데 그게 아니에요. 꽃이야 예쁘지 않을 수 없겠지만, 새순과 어린 싹이 결코 그 못지않게 예쁘다는 걸 이제 알게 된 겁니다.

4월 하순 곡우 쯤 비가 한번 오기라도 하면, 숲의 때깔이 달라집니다. 일제히 연초록빛의 새순을 피운 숲은 생기의 잔치를 벌입니다. 그것만 봐도 괜히 기가 막 살아나는 것 같지요.

쥐똥나무, 이름은 영 예쁘지 않지요. 씨앗이 쥐똥 같다고 해서 붙여진 이름인데, 실제로는 그렇지 않습니다. 도시 한복판의 가로수 울타리용으로 많이 심어져 대부분 매연에 시달리는 놈들만 보아서 예쁜지를 모르지만, 깨끗한 환경에서 키우면 그 잎사귀들도 아주 싱그럽고 예쁘답니다

나무사랑 ____

쥐똥나무 꽃향기가 참 좋지요.

꽃 예쁘지, 향기 좋지, 울타리 만들어주지… 장점이 많은 나무인데 왜 씨 모양만 보고 쥐똥나무라고 지었는지.

이름에 매이는 건 아니지만 그래도 더 이쁜 이름이었으면 좋으련만 하는 아쉬움이 남는 나무입니다.

이제 농한기가 가까워졌습니다

봄에 심을만한 것은 거의 다 심은 것 같습니다.

모두들 수고하셨네요.

마지막으로 고구마 순을 갖다 놓았으니 심지 못한 분은 갖다가 심으세요. 그리고 아직 가지, 토마토, 고추, 상추 따위도 남았으니 못 심은 분이나 더 심을 분 갖다가 심으세요.

또 이씨 아저씨가 옥수수 씨를 심어주어 모종이 자라고 있고, 오이 모종이 아무래도 약해보여 제가 더 심었습니다. 아마 다음주에는 심을 수 있을 것 같으니 심으실 분은 그때 심으면 되겠습니다. 들깨도 씨를 넣었습니다. 아마 보름 후에는 모종을 심을 수 있을 것입니다.

오늘은 제가 계속 있을 텐데요, 내일은 무슨 행사가 그리 많은지 돌아다니느라 밭에 없을 것 같습니다. 오늘 못 오시는 분은, 내일 제가 없더라도 마을 아저씨가 계실테니 물어보시고 하면 되겠습니다.

여름 농한기는 겨울과 달리 놀 수 있는 철은 아닙니다. 풀을 맨다든가, 농장 주변 정리를 한다든가, 농사 외의 다른 일을 한다든가, 사실 할 일이 많습니다.

원래 여름 농한기는 논의 세벌 김매기를 끝냈을 때부터입니다. 이때쯤이면 말복인데요, 음력으로 7월 보름인 백중날과 엇비슷합니다. 복날은 소서(7월 초순)와 입추(8월 초순) 즈음에 걸쳐 열흘 간격으로 오는 갑자력의 경庚자 들어가는 날로 24절기에 해당하지는 않습니다. 왜 경자 들어가는 날을 복날로 했냐니까, 경은 오행에서 금金으로 가을에 해당하지만 아직 여름의 화火가 강하게 남아 있어 금인 경이 숨는다(伏) 해서 복날이라고 합니다.

이 복날에 논의 벼는 한 살씩 나이를 먹는다고 했습니다. 덩달아 같이 잘 자라는 잡초들은 김을 매줘야 하거든요. 그래서 초복 때 초벌 김매기, 중복 때 두벌 김매기 말복 때 세벌 김매기를 합니다. 그 뜨거운 여름에 논에서 허리 구부려 김매기를 하니 얼마나 힘들겠습니까? 몸 축나는 걸 보충하기 위해 개장국을 해 먹은 거지요. 옛날 그 한여름에 단백질을 보충할 고기가 특별한 게 없었던 거지요. 특히 일반 서민 백성들에게는요.

이 말복이 백중날과 엇비슷한 시점에 있어 호미씻이 축제를 벌였습니다. 논과 밭의 극성맞은 풀을 다 매었으니 호미를 씻어 걸어두어 농한기에 들어가는 시점이지요.

우리는 두레농사로 할 콩 파종을 끝으로 해서 농한기에 들어갈 것 같습니다. 그 이후에는 놀면서 공부하면서 재미있게 보낼 궁리를 합시다.

마을 아저씨 시 소개합니다

5월23일

　우리 농장 일을 많이 도와주시는 이씨 아저씨라고 다들 아시죠?

　우리 밭도 얻어주시고, 모종도 주시고, 이것저것 많이 도와 주시는 아저씨예요. 고마워서 우리 주말농장 밭 입구의 한쪽 귀퉁이를 드렸더니 그것도 다 쓰시지 않고, 반을 남겨 회원들 주라고 하셨지요.

　그 아저씨가 동양화도 그리고 시도 쓰신다면 의외겠죠?

　며칠 전 버려진 종이 조각에 쓰신 시가 좋아 한번 소개해 보렵니다. 읽어보시고, 느낌 좀 달아주십시오.

집 없는 제비

해마다 봄 되면 추녀 끝 찾아와
한살림 차리던 엄마제비 아기제비

검게 물든 들녘 싫어 작년에 못오고
검게 물든 산이 싫어 올해도 못왔다네

하늘도 땅도 바다도 모두 물들어가니
내 갈 곳도 올 곳도 있을 곳마저 이제 없어라

최 승 훈 ＿＿＿＿

(멀리 제주도로 귀농하신 분입니다. 작년에 우리 농장 회원으로 농
사짓다가 내려가셨지요. 그렇지만 온라인을 통해 이렇게 늘 관심을
놓지 않고 계시지요.)

제가 자랄 땐 서울에도 제비가 많았습니다. 그러나 이제는 무인도
에서나 제비를 볼 수 있다고 합니다. 많은 동식물들이 우리 주변에
서 보이지 않게 되고, 심지어는 멸종되는 경우가 많다고 하지요. 종
의 생기고 없어짐이 자연의 섭리에 의한다면 우려할 바가 아니겠
고, 자연이 하시는 일을 경이로운 눈으로 바라만 보는 것으로 충분
할 것입니다.

그러나 인간의 불완전한 지식과 끝 모르는 욕심이 자연을 훼손하는
것을 보는 것은 어려운 일이 아니지요. 더 늦기 전에, 정말로 내 갈
곳도 올 곳도 있을 곳마저 이제는 없어지기 전에, 더 많은 사람들이
더 많이 자연을 아끼는 마음을 가져야겠습니다.

안 철 환 ＿＿＿＿

최승훈 형님, 귀농 준비는 잘 되어갑니까?

얼마 전 어느 소비자 행사에 참여했다가 거기 참석한 생산자들의
초라하고 자신 없어하는 모습에 참 우울했던 적이 있었습니다.

물론 소비자들은 생산자들에게 고마워하는 마음들을 갖고 있었지
만, 초라한 생산자와 달리 옷도 깔끔하고 말도 멋있게 잘 하고 배운
것도 많은 소비자들에게 왠지 거리감을 느낀 것이 사실입니다.

누구를 탓할 수는 없지요. 다만, 저는 생명을 낳는 생산자라면 누구
보다 의연하고 자랑스럽고 또한 넓은 품을 가졌으면 했지요. 저는

그래서 이 시대에 깨어있는 양심이라면 빨리 흙으로 돌아가 멋있는 생산자, 새로운 문화를 이끌어가는 생명의 선도자가 되길 바랐습니다.

이 시의 주인공인 아저씨는 제가 볼 때 우리 농부의 본 모습이 저런 게 아닐까 싶은 생각을 품게 하는 분입니다.

흙을 그저 자기 먹을 거나 키워먹는 대상으로 보는 게 아니라, 생명의 근원인 흙을 아끼고, 그 위에서 살아가는 생명을 보듬는 맑은 마음의 농심 말이죠.

제비와 같이 갈 곳을 잃은 그 농심이 절로 드러난 시가 참 안쓰럽기까지 합니다.

최 양 미 ____

시 제목을 보다 제비가 낮게 날면 비가 온다는 얘기를 떠올렸습니다. 그렇게 동식물의 변화를 보고 우리 조상들은 자연의 변화를 예측했지요. 그러나 오늘은 그러한 지혜가 없어져 너무나 아쉽게 느껴지네요. 콘크리트에 묻혀 산지 오랜(?) 세월. 그래서 우리 농장이 더 그립고 지금 이 순간도 마음은 농장으로 가게 되네요. 자연과 하나가 되려고 힘쓰는 주위 분들을 보며 위안을 삼고 우리 모두 자연인으로 돌아갔으면 좋겠네요.

서 명 숙 ____

아저씨께서 저희 텃밭에 흙을 옮겨 주신 적이 있지요. 신랑 없이 애들하고만 갔을 때요. 그 아저씨와 많은 이야기를 나누어서 좋았답니다. 참 능력이 많으신 분이셨군요.

음식물 쓰레기 처리법 실험 중

벽제 농장의 한 회원님이 문제를 제기하신 것처럼,

요즘 저도 음식물 쓰레기를 버리지 않고 자연으로 되돌려 활용하는 방법이 없을까를 고민하고 있는 중입니다. 안산농장에 갈 때마다 가져가서 교장님이 쓰레기 모으는 통에 버리는 방법도 한 가지 방법이긴 할 것 같은데, 쓰레기 가지고 다니는 것도 번잡스러울 것 같고 해서, 저도 나름대로 집에서 할 수 있는 방법을 실험해 보기로 했습니다.

최근에 제가 읽고 있는 책 중에 「도시에서 생태적으로 살기」라는 책이 있는데, 거기에 보니 흙살림에서 음식물 쓰레기 발효제를 판다고 씌여 있더군요. 그래서 어제 발효제 '부엌살림'을 흙살림(heuksalim.com)에서 주문했습니다.

어제는 집에 가다가 동네 방앗간에서 쌀겨를 구할 수 있나 물어봤더니 자기네도 다 정미해서 갖다 쓰기 때문에 쌀겨가 안 나온다고 합니다. 한번 다른 곳에 알아봐 주겠다고는 합니다.

대신에 참기름집에 들러서 깻묵을 조금 얻어왔습니다. 제가 생각하고 있는 모양과는 아주 다르더군요. 저는 깨소금 찌꺼기처럼 생겼을 것으로 기대하고 있었는데 오히려 대팻밥과 더 닮았네요.

「주말농사 텃밭가꾸기」 책에 보니 음식물 쓰레기도 질소가 풍부하고 깻묵도 질소가 풍부하다고 나와 있는데, 어쨌든 그저께 모아놓은 음식물 쓰레기에 깻묵을 조금 섞어 주었습니다. 깻묵은 건조하니까 물기가 있는 음식물 쓰레기의 수분을 빼앗아 줄 것 같아서요.

그리고, 네모난 스티로폼 통에 「주말농사 텃밭가꾸기」에 나와 있는대로 마른 풀을 깔고 그 위에 음식물 쓰레기와 깻묵을 넣고 다시 마른 풀로 덮어 주었습니다. 마른 풀은 요즘 주말농장에서 솎아온 채소들을 다듬고 남은 것들입니다.

스티로폼 통은 택배로 물건 받을 때 받은 건데, 쓰레기 발효용으로 이용해도 되는 건지 모르겠습니다.

나중에 흙도 더 구해서 덮어주고 발효제도 조금 뿌려 주려고 합니다.

어제 받아온 깻묵(무게가 약 10킬로그램 정도 되는 것 같습니다.)이 많이 남았는데, 오래 두어도 되는 것인지 잘 모르겠네요.

(교장님, 혹시 깻묵 필요하시면 갖다 드릴까요? 알려 주시기 바랍니다.)

_____ 이 선 신

강 혜 숙 _____

긴 글 잘 읽었습니다.

울 짝꿍은 책에서 깻묵이 좋다는 걸 읽고 '깻묵은 어디서 팔지?' 하고 생각으로만 그쳤는데 님은 실천에 옮기셨군요.

텃밭에서도 열심히 하시고 뭐든지 열심히 실천하시는 모습이 아름답습니당.

미물 백봉영 _____

깻묵은 액비 만들 때 꼭 필요한 재료잖아요. 액비 만드는 것도 배우셔서 작물에게 영양을 공급해 주시면 좋겠네요.

그리고 음식물 퇴비 만들려고 저도 흙살림에 알아봤는데 너무 비싸서 구입을 포기하고 말았습니다. 대신 지렁이를 사러 다녔는데 아무 낚시집이나 안 판다고 하네요. 지렁이를 구하는 것도 쉽지 않네요. 지렁이는 청량리나 한남동 낚시집에서 판다고 합니다. 도움이 되실런지.

안 철 환 _____

6월 13일 쯤 들풀과 퇴비 공부를 하려고 합니다.

오전엔 들풀공부를 하는데 시화호생명지킴이(안산의 대표적인 시민환경단체입니다.) 분들이 가르쳐 주시기로 했습니다. 오후에 퇴비를 할 때 음식물퇴비화에 대해 자세히 말씀드리도록 하겠습니다.

다만, 간단히 일러드리면, 퇴비화의 기본 원리는 습기조절에 있습니다. 50~60%가 제일 좋은데, 손으로 짰을 때 약간 물기가 배어나오는 정도입니다. 그 다음은 공기를 넣어 주는 것인데, 마른 재료와 번갈아 켜켜이 쌓는 것입니다. 마른 재료는 틈새가 많아 젖은 거름과 차례대로 쌓으며 사이사이에 공기를 공급해주는 것이죠.

그런데 습기조절과 공기 넣어주는 것이 같은 과정입니다. 공기를 넣어 줄 마른 재료로 습기를 조절하는 것이죠.

습기가 많으니까, 마른재료로 습기를 낮춰주고 함께 공기도 넣어주는 거거든요.

이 마른 재료는 질소질 거름인 주재료와 달리 탄소질 거름이어야 합니다. 이 두 가지 비율을 탄질비라 하는데, 탄질비를 조절해서 습기와 공기를 맞추는 겁니다.

깻묵은 아주 대표적인 질소질 거름입니다. 채소찌꺼기도 마찬가지로 질소질이 많다고 보아야 합니다. 탄소질이란 한 마디로 섬유질과 비슷한 것이라 이해하면 좋은데, 예를 들면 톱밥, 대팻밥, 낙엽, 볏짚과 왕겨, 종이 조각 같은 것입니다.

집에서 음식물 모으는 간단한 방법은 찜통 같은 데 담아 두는 겁니다. 밑으로 물기가 모아지기 때문에 물을 구태여 짜내지 않아도 되지요. 그리고 밭에 가져와 퇴비간에 모으면 됩니다. 퇴비간을 만들 때까지 제 퇴비간에 버려도 좋습니다. 제가 더 좋지요.

일주일에 한 번씩 가져온다면 구태여 발효제니, 마른풀이니, 흙이니 힘들게 섞지 마시고 물기만 약간 빼갖고 오면 됩니다. 너무 물기 빼는 데 너무 힘들이지 마십시오. 일주일 동안만 참을 수 있다면 그냥 가져오세요.

지렁이는 제 밭에 많은데, 비올 때마다 통을 들고 다니며 모아볼까 생각 중에 있습니다.

따로 지렁이 퇴비간을 만들려고 하거든요. 그때 되면 공짜로 지렁이를 분양해드리도록 하겠습니다.

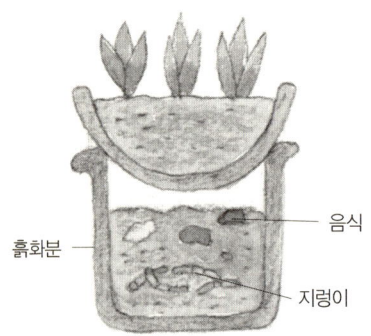

지렁이 화분 _
조리해서 남은 음식물은 염분이 있어 물로 짜내고 넣어준다. 음식재료를 다듬은 것은 그냥 넣어줘도 된다. 일주일치 화분을 만들어 요일별로 따로 관리해준다. 한번에 많이 주면 지렁이가 소화시키지 못한다.

흙화분 —
— 음식
— 지렁이

발효제
— 여과판
침출수

발효통 _
여과판이 있어 힘들게 물기를 짜주지 않아도 된다.

벌레 유감 6월 7일

지난 주말은 콩두레에 모내기 하느라고 보람있고 바빴던 한주였지만, 일주일 만에 본 얼갈이 배추가 벌레의 공격으로 거의 초토화된 실망스런 한주이기도 했습니다. 그 전주까지만 해도 얼갈이 배추는 그냥 벌레가 조금 먹을 정도여서, 큰 놈으로 골라 솎아가기만 했었는데, 일주일 만에 아뿔싸, 뼈대만(?) 앙상하게 남은 몰골을 하고 있었습니다.(와, 충격. 양심정말 없다. 어쩌면 이렇게까지 먹을 수가!) 그래서 토요일에 얼갈이 배추를 다 뽑고, 옆에 있는 근대도 다 뽑아서 집에 가져왔습니다. (벌레에겐 배추가 더 맛있는지, 근대는 하나도 건드리지 않았더군요.)

벌레가 워낙 많이 먹은지라 3분의 2는 버리고 나머지 구멍 숭숭 뚫린 3분의 1은 겉절이를 담갔습니다.

그런데 일요일에 결구배추도 아무래도 마음이 놓이지 않아 다 뽑아올까 하다가 일요일 아침에 액비를 줘서 냄새도 나고 조금 덜 크기도 해서 뽑는 것을 미루기로 하고 강혜숙 님이 말씀해 주신대로 나무젓가락으로 조그만 배추벌레들을 잡기 시작하였습니다. (젓가락의 새로운 용도 발견!)

고물고물 움직이는 그 조그만 녀석들이 워낙에 수가 많다보니, 그렇게 큰 배추를 뼈대만 앙상하게 남도록 만든 것입니다. 정말 잡아도 잡아도 끝이 없더군요. 강혜숙 님도 도와 주셔서 같이 잡았는데, 배추 한 포기당 약 20마리 에서 30마리 정도 잡은 것 같습니다. 그래도 안 보이는 놈들이 남아있겠지만 많이 잡아 준만큼, 다음 주까지 견디는 데 조금은 도움이 되겠지요.

결구 배추 7개 중 1개는 배추 심 속에 이상한 벌레들이 집을 지어놓아서 그 한 개는 뽑아서 다듬어 가지고 왔습니다. 유기농이라 벌레도 나오고 다듬으면 쓰레기가 너무 많이 나오니까, 수돗가에서 다 다듬어 쓰레기를 버리고 한 번 씻어서 가져왔는데, 집에 와서 더 황당한 일을 당했습니다.

벌레를 이미 많이 잡아주었고 물에서 한 번 씻어왔기 때문에 벌레가 많이 없으려니 했는데 그것은 저의 착각이었습니다. 나중에 우거지국을 끓여 먹겠다고 배추의 용도를 정하고 배추를 다듬는데, 다시 한번 잎 뒤를 살펴보니 또 벌레가 많이 보이더군요. 벌레를 떼어내고 물에 한 번 더 씻으니 물에도 또 더 떨어지고.

그 다음에 끓는 물에 삶고 나서 다시 물에 담가 헹구는데 또 벌레가 끝도 없이 나오는 거예요. 삶아도 벌레가 배추에서 분리되는 것이 아니라 그대로 붙어 있기 때문에 씻을 때 하나하나 잘보고 씻어야 합니다.

벌레만 떼어 내기가 힘들어서 잎사귀를 조금 같이 떼어 내서 옆에 그릇에 놨는데, 조금 있다 보니 삶은 배추에서 떼어낸 벌레들이 움직이는 겁니다. 저는 제 눈을 의심했습니다. 다시 잘 봤는데 기어다니는 겁니다. (정말 어떻게 된 건지 모르겠습니다.) 얘네들은 삶아도 죽지 않는 불사조인가봐요. 떼어 낸 벌레들은 전부 우리집 화장실 변기에 수장을 시켰습니다. 삶은 배추를 벌레가 나오지 않을 때까지 씻었는데 7번째 드디어 벌레가 안 나오더군요. 시간도 너무 많이 걸리구요.

벌레가 너무 징그러워서 배추를 씻는 동안에도 계속 다리에 벌레가 기어다니는 것 같고, 이 글을 쓰고 있는 지금도 몸에 벌레가 기어다니는 기분이에요.

농약을 치는 사람들의 마음이 조금은 이해가 되더군요. 농약 안 치는 깃까지는 좋은데, 징그러운 벌레를 먹을 수도 있다고 생각하니, 정말 끔찍해요. 토요일에 별 생각없이 얼갈이 배추를 씻어서 겉절이를 담갔는데, 그게 갑자기 걱정이 되네요. (거기에도 벌레가 붙어 있었지 않았을까. 잘 안보고 그냥 막 씻었는데…) 앞으로 이 벌레들을 어떻게 씻어서 떼어내고 먹어야 되는지 까마득하네요. 시간도 시간이지만 벌레가 100% 다 떨어진다는 보장이 없잖아요. 유기농 주말농사 이래 처음 부딪친 난관입니다. 어찌해야 되는지요?

_____ **이 선 신**

강 혜 숙 _____

모르는 게 약이라고 님들이 겁낼까봐서 얘기 안 하려고 했었는데….

결구배추 수확해서 소금에 절인 거 보신 분들 계시죠. 소금물엔 꼼짝없이 죽어 떨어지는구나 좋아했는데, 이게 웬일입니까. 기절초풍했습니다. 50마리도 더 되는 놈들이… 헤아릴 수도 없을 정도로…. 후~~ 생각하면 넘 괴로워… 벌레 잡다보니 목 빠질라고 하고…. 평생, 살아있는 동안은 못 잊을 일입니당.(여보야, 말 좀 해주라.)

선신 씨, 지금까지 우리가 먹은 벌레가 얼마나 될지 생각할수록…

헉~~

글구 선신 씨,

앞으론 교감님이 붙여주신 닉네임을 쓰겠습니다.

공주님, 어제 해 오신 현미 찹쌀떡 넘 맛있었어요.^^* 건강 챙기시
는 거 본 받아야 될 것 같아요.

너무 감사합니당.

최 이 해 ____

이선신, 강혜숙 님

이름을 알고 얼굴을 아니 글도 더 잘 읽힙니다. 지난 주말에 고생들
많이 하셨지요. 두레는 서로 힘을 합해 혼자서는 하기 힘든 일을 쉽
게 하는 것이라는 새삼스러운 깨달음이 있어서 좋았습니다.

벌레 이야기 듣고 보니 저 또한 마찬가지였을 터인데, 집에 가져다
주면 그 후로는 아내 몫이라 상황을 잘 모르고, 확인하게 되면 저도
목구멍이 스멀거릴 것도 같고, 그래서 모르는 게 약이려니 침묵하
렵니다.

다만, 벌레도 존재의 이유가 있을 터이니 인간과 함께 나누었다 생
각하시고 그리 야속해 하지 마십시오.

안 철 환 ____

저도 벌레를 아주 싫어했습니다.

제일 싫어하는 게 바퀴벌레, 그 다음이 거미, 돈벌레, 쥐며느리, 지
렁이, 구더기 등이었지요. 그나마 귀엽게 봐주는 벌레가 있다면, 땅
강아지나 칠성무당벌레 정도거든요.

어렸을 때 서울에서도 얼마든지 볼 수가 있어서, 장난감삼아 놀고 그랬지요. 왜 그놈이 강아지일까, 그게 궁금했는데, 지금 밭에서 알게 되었습니다. 앞다리를 모으고 있는 게 영락없이 손 모으고 있는 강아지 모습이더라구요.

벌레 때문에 소스라치게 놀랄 정도로 끔찍했던 것도 지금 밭에서인데, 액비 만들려고 깻묵을 고무대야에 담가놓았더니, 거짓말 하나 안 보태고, 거의 10센티미터 두께로 가득 찬 놈들이 꾸물꾸물 대는데, 허참….

그걸 보고 까무러치지 않기도 힘들 겁니다. 그 다음부터는 깻묵을 마대자루에 넣고 물에 담갔더니, 구더기가 끼질 않았습니다.

그리고, 뱀만한 지렁이가 뱀처럼 기어다는 걸 보고는 참 어이없어 했던 적도 있구요.

몇 년 전에 멸강나방 애벌레라고, 짙은 회색의 까만 놈들이 창궐하여 벼며, 옥수수며 다 갉아먹어 애태웠던 적도 있고, 왕벌한테 쏘여 고생한 적도 있었지요.

그러다가 이제는 많이 익숙해졌지만, 아직도 징그럽고 얄밉고 보기 싫고 그렇습니다.

천상 그놈들하고도 친해져야 되는데, 그게 쉽지가 않지요.

그래도 어쩌겠습니까?

벼농사 ——— 2

텃밭 벼농사 할 분 모입시다

내년으로 계획했던 벼농사를 앞당겨서 올해 하기로 했습니다!

주말농사가 그저 취미삼아 하는 정도를 넘어서서 먹을거리를 자급하는 농사 원래의 목적을 이루려면 벼농사에 도전하는 것이 필요합니다.

주말농사는 생태적 도시농업으로 나아가는 첫발이라 생각합니다. 생태적 도시농업은 도시 소비자들의 생산적 참여와 생태적 문화의 확산, 그리고 자연학습 및 체험 교육의 장으로 의미를 가질 수 있습니다.

그 가운데 생산적 참여는 먹을거리의 자급을 목표로 합니다.

도시농업의 첫발로서 주말농사는 김치와 김장자급을 목표로 하면 과제가 분명해져서 열심히 의욕적으로 농사지을 수 있을 겁니다.

우리 회원분들 중에는 주말농사 이상 가는 열의와 노력을 가지신 분들이 많은 것 같아 과감하게 일을 벌이기로 했습니다.

마침 우리 밭 주변에 묵은 논 두 배미가 있어, 마을 아저씨를 통해 공짜로 빌리기로 했습니다. 벼 모종 구할 데도 알아 놓았습니다. 물론 유기농으로 키운 모종이지요. 일찍 일을 시작했으면 직접 모종을 키울 수도 있었겠지만 이미 늦었으니 모종 키우기는 다음으로 미뤄야 할 것 같습니다.

경비는 참여하는 분들이 공동으로 부담하고, 수확물도 공동으로 분배할 것입니다. 현재 여섯 분이 같이 하기로 했는데, 앞으로 두 분만 더 신청을 받으려고 합니다.

사실 일은 밭농사에 비해 많지 않지만 여럿이 모여 집중적으로 해야 하는 것이 어려운 점입니다. 밭농사는 5평이든 10평이든 자를 수 있지만 논은 그럴 수 없으니 공동 노동을 동시에 해야 합니다. 주말에 서로 시간을 맞추는 것도 장담을 못합니다. 평일에 일을 해야 하는 경우도 생길 수 있지요. 그래서 직장에 많이 얽매이지 않는 분이면 좋겠습니다.

그래도 모내기나 수확은 전체 공동행사로 할까 합니다. 전체 행사에 참여하는 분들한테는 쌀 맛을 좀 보여 드릴 테니 많이 참여해 주세요. ^^

오늘 물 대고 내일 벼 모종 가지러 갑니다

어제(목요일) 로터리 치고 물을 대기 시작했습니다.

농부는 자식 입에 밥 들어가는 소리와 논에 물 들어가는 소리가 세상에서 제일 듣기 좋다 하대요.

그런데 논에 들어가는 물이 꿀떡꿀떡 합디다. 이씨 아저씨도 "거참, 소리 좋구만" 했습니다.

오늘 가보니, 논의 4분의 1 정도 찼는데, 속으로 물이 많이 찼기 때문에 내일은 더 찰거라네요. 호스를 더 사다 이었더니 물이 더 많이 들어갔습니다.

오늘은 최성균 님, 이강두 님이 와서 도와주셨고, 이동철 님이 나중에 와서 도와주셨습니다.

논둑 만들고 가래질을 하려고 했더니, 물이 아직 차질 않아 흙이 말라 있는 상태라 못했습니다. 가래질이라고 들어 보셨는지 모르겠네요.

논에 물을 가두려면 우선 둑을 쌓아야 합니다. 쌓은 둑이 물에 새지 못하게 하고 무너지지 않도록 단단하게 해주는 작업이 가래질입니다. 논 안쪽에서 물에 젖은 흙을 삽으로 떠 둑 안쪽 벽에다 흙칠하듯이 붙입니다. 삽 뒤쪽으로 벽에 붙인 흙을 더 단단하게 하려고 탁탁 칩니다. 발로도 치고요. 그렇게 해놓고 뙤약볕에 말리면 아주 단단해지지요.

천상 토요일이나 일요일 쯤 논에 물이 차야 젖은 흙으로 둑을 만들 수 있을 것 같습니다.

만약 일요일에 하게 되면 한쪽에선 모를 내고 한쪽에선 둑을 만들어야 겠네요.

저는 내일 아침 일찍, 이일형 님과 벼 모종 가지러 괴산에 갑니다.

아마 점심 때쯤 도착할 것 같습니다.

내일 뵙지요.

강 혜 숙 _____

상상도 풍부하십니다요. 진짜 물이 꿀떡꿀떡 했나요?

날씨도 무더운데 모두들 너무 많이 고생했겠어요.

우리도 토요일 오후, 일요일 오전부터 주~~~욱 못 다한 일 많이 돕겠습니다.

짝꿍은 모내기할 때 신는다고 스타킹도 사 놨습니다. 잘 해야 될텐데….

안 철 환 _____

물이 꿀떡꿀떡 했던 건, 상상이 아닙니다. 잘라진 호스를 직경이 작은 파이프로 연결했더니

좁은 관을 통과하느라 진짜 물이 그런 소리를 내더라구요.

첫 모내기

어제 괴산에 가서 벼 모종을 얻어왔습니다.

괴산의 이도훈이라는 분인데요, 12만 원어치나 되는 모종을 공짜로 주셨답니다. 우리 모두 감사한 마음의 박수를 보냅시다.

모종은 바로 논에 부려 놓았습니다. 이일형 씨가 괴산에서 모종을 싣고 오고, 한미선, 이동철, 최성균, 이선신, 서정호 님들이 모종을 논에다 실어놓았는데요, 제가 다 기억을 못해요.

이 글을 읽으신 분들 중에 어제 일하신 분들은 반드시 덧글을 달아주십시오. 출근 도장(?) 찍어야지요. 제 기억력이 참 문제가 많습니다.

어제는 이일형 님 차로 모종을 싣고 오는데, 다 와서 엔진 온도가 치솟아 이일형 님이 고생 좀 했습니다.

오늘은 여러 분들이 고생고생해가며 모를 냈습니다. 대부분이 처음 모내기를 해 본 것 같은데 참 열심히 잘 하셨습니다. 나머지는 또 다음 주에 해야겠습니다.

한 미 선 _____

모내기를 머리털 나고 처음 해봤습니다.

괜히 기분이 들뜨는 바람에 시화호생명지킴이 회원들이 결국 우리 집 옥상에 모여 밤 9시까지 또 고기 구웠습니다.

오늘 우리 딸만 모 한 개도 심지 않고 혼자서 잘도 놀더군요. 아무리 여섯 살이지만. 다른 언니들은 자기들 논이라니까 열심히 모내기를 했는데 혼자서 흙 미끄럼 타고 집에 오자마자 곯아떨어지더니 지금 잠에서 깨 저를 아주 귀찮게 하고 있습니다.

오늘 여러분들 정말 즐거웠습니다.

출석부 달아드립니다. 한미영 박재현 임연규 일가였습니다.

그리고 어제 콩밭 고랑 만들고 모 실어 나른 사람은 한미영과 박재현이었습니다.

어제도 오늘도 한씨 자매 주욱 있었습니다.

안 철 환 ___

시화호생명지킴이 분들이 많이 참석하셔서 모내기 잘 했습니다. 마지막 늦게까지 고기 파티 하셨다니 부럽습니다. 저도 집에서 반주 한 잔 했습니다. 낮에 먹은 술도 있어서 어제 밤에 올린 글에 취기가 배어있네요.

임연규, 박재현 님의 분투가 아주 고마웠습니다. 운전만 해주겠다던 약속을 스스로 깨고 말이죠. "일을 눈앞에 보고 가만 있을 수가 있어야지요." 하며 씩 웃던 박재현 님 얼굴이 멋있었습니다.

마지막으로 시화호생명지킴이 어린이 논까지 모를 내어 기분이 좋았습니다.

(논 한 귀퉁이에다 아이들 용으로 논 한뙈기 만들어 놓았지요. 어른들 틈에 끼여 걸리적거리지 않고, 또 자기들끼리 독립심 키워가며 해보라고 한 것입니다. 그런데 나중에 수확할 때는 아이들 논에서 수확이 제일 많이 나왔답니다. 우습지요?)

강 혜 숙 ____

아이들이 많이 어려 보이던데 힘들었겠어요.

일하랴, 아이들 챙기랴….

한미선 님. 늘, 부지런하다는 걸 날씬한 자태에서 느껴졌습니다.

한 미 선 ____

저희는 아이들에 별로 '신경 쓰지 말자' 주의입니다.

그랬더니 지들끼리 '알아서 놀자'로 변하더군요.

아이 키우기의 신 태평농법이라고나 할까요?

그 아이들이 글쎄, 일은 눈꼽만큼 하고 고기는 배터지게 먹고 갔답니다.

혜숙 님. 이 날씬한 몸의 비결은 끝없는 지병과 게으름입니다. 결코 부지런함 때문이 아니거든요. 아는 사람은 다 압니다.

모내기 보고합니다

어제는 정신없이 졸린 눈, 취한 눈으로 보고를 드리느라 정리가 잘 안 되었습니다.

모내기는 반밖에 못했구요, 모종은 20%밖에 쓰지 않았습니다. 열심히 아껴가며 해서 그렇게 되었네요. 남는 것은 필요한 다른 분들에게 드려야겠습니다.

어제 모내기에 참석하신 분들 명단을 다시 정리합니다.

최성균 님(교감 선생님으로 그저께 콩심기할 때 현장 지도를 아주 잘해 주셨습니다.), 서정호 님, 임재선 님, 김현심 님(친구 한 분까지), 이일형 님(색시와 함께), 한미선 님(네 가족), 박선미 님, 이계숙 님(시화호생명지킴이 여러분들), 이선신 님, 이애용 님(친구 한 분까지), 노란 님(아기까지 업고 하셔서 2인분으로 계산해야 할 것 같지요?), 최양미 님, 그 외 귀농학교 29기 젊은 분인데 삽질서부터 아주 열심히 하신 분이 있고, 불교귀농학교 나오신 여자 분인데, 차 빼달라고 해서 왔다 갔다 하느라 고생하신 분이 있는데, 제가 성함을 까먹었네요.(죄송) 덧글 좀 달아주세요.

현재 비용은, 로터리 값 8만원, 모종 싣고 온 기름 값 3만 원, 모종 공짜로 얻은 대신 점심 대접한 값 4만6천 원, 도로요금 5천 원, 호스 3개 값 2만4천 원, 합이 18만5천 원입니다. 이 돈은 최성균 교감 선생님이 미리 10만원을 내 주시고 나머지는 제가 보태서 썼습니다. 현재 벼 농사 작목반이 8명인데, 한 사람당 2만 5천 원씩 내면 20만 원이 되어 남는 1만5천 원을 비상금으로 남겨 두려고 합니다.

그 밖에, 도와주신 분으로, 이씨 아저씨가 논도 얻어 주시고, 호스도 연결해 주셨습니다.

괴산에서는 이진천 귀농본부 조직부장님과 괴산으로 귀농한 윤영우 전 간사와 이창수 님이 모종을 실어 주셨고, 어제 모내기 때 임연규 님이 집에서 담근 막걸리 두 말을 가져오셨습니다.

또, 김현심 님이 아주 좋은 칠판을 사다 주셨습니다. 앞으로 제가 일러 드릴 것을 적어놓으면 참고들 하시고요, 다른 분들도 저에게 전할 말씀 적어놓는 용도로 요긴하게 쓸 것입니다.

혹시 제가 잊어버린 것이 있을지 모르니 과감하게 덧글을 올려주십시오. 그리고 사진 찍은 분들은 사진 좀 올려주세요.

그럼, 모두들 수고하셨습니다~!

영 선 ＿＿＿

아침에 눈을 뜨는데 모내기한 논 풍경이 떠올랐습니다. 십수년 전에 테트리스라는 게임에 몰두했을 때 꼭 그랬습니다. 누워 있으면 천정에서 조각들이 내려오는 것 같은 거요.

제발 제가 심은 모들이 뜨지 않기를, 그래서 잘 자라 주기만을 기대합니다. 어제 모내기 같이 하셨던 분들, 만나서 반가웠습니다. 떠들썩하니 일하는 것도 아주 재미있었습니다. 아, 저는 이일형 씨 색시입니다.

이 선 신 ___

논에 물이 안 차는 바람에 반 정도 밖에 모내기를 못해서 좀 아쉬웠습니다. 저를 비롯하여 다들 힘도 남으신 것 같았는데….

평생 처음 해보는 모내기였는데 재미있었구요. 논바닥이 그렇게 진흙탕인 줄은 처음 알았습니다. 미리 알았더라면 장화를 하나 장만해 가는 건데….

어쨌든 토요일에 두레밭 콩심기도 잘 한 것 같고, 일요일 모내기도 생각보다 수월하게 끝난 것 같네요. 앞으로 물 더 대고 나머지 모 심고 하려면 모두들 더 수고하셔야 겠네요.

그런데 오늘 온다는 비는 왜 이렇게 꾸물거리고 안 오는지….

김 현 심 ___

테트리스게임 진짜로 말이 되네요.

저는 장화 신고 논에 들어갔는데 지렁이를 밟지 않는다는 것 빼곤 좋을 게 없더군요.

장화가 진흙에 달라붙어 자꾸 벗겨지려고 해서 힘들게 조심조심 걸어 다녀야 했거든요.

한미선 님 댁 삼겹살과 막걸리, 그리고 양푼비빔밥과 직접 만들어 오신 인절미…

모두 정말 잘 먹었어요. 감사합니당.

이 우 성 ___

지금 괴산에는 비가 오고 계십니다.

모내기 한 후라 더욱 반가운 빗님이군요. 이곳에서도 어제 손모내기 행사를 했습니다.

도회지 계신 분들 모두 한아름 땅의 기운을 받아 이번 일주일이 가
슴 벅차겠다는 얘기들을 들었습니다.

안철환 님, 안산농장 가꾸시는 고운 님들, 모두모두 고생하셨고 땅
에서 생명을 얻는 노력에 힘찬 박수를 보냅니다.

모두들 큰 빛 받으소서.

흙살림 이우성 올림

안 철 환 ___

아참, 벼모종 주신 이도훈
님을 소개해주신 분이 이
우성 님입니다.

이우성 님, 괴산 가
서 인사도 못드렸
습니다.

이번 금요일에
가서 꼭 뵙도록
하지요.

이 일 형 ___

교장님! 오늘 논에 가보고 싶었는데 회의가 늦게 끝나서 그냥 집에 들어왔습니다. 각시는 온몸이 아프다고 난리입니다. 특히, 허벅지가 아프다네요. 모두들 고생하셨습니다. 그러나 마음은 모두 흐뭇하리라 생각합니다.

아참, 차 빼느라 수고하신 분은 아마(80% 정확도) 불교귀농학교 13기 신영희 님인 듯합니다. 혹시 신영희 님이 맞다면 덧글 달아주세요.

신 영 희 ___

네. 차 빼느라고 왔다갔다한 사람, 저 맞습니다. ^^;;

휴대폰은, 분실 후 새로 장만하느라 번호가 바뀐 탓에 결번이구요. 신경써주셔서 감사합니다.

생전 처음 해본 모내기였는데, 어색한 손놀림으로 모를 심으려니 모들한테 잘못하는 게 아닐까 싶어 미안하고 조심스러웠지만, 꽤 재미있었고 상당히 즐거웠었습니다. ^^

노 란 ___

벼농사 작목반도 있었나요?

(노란 님은 벼농사 작목반도 아닌데다, 벼농사 하는지도 모르고 갓난 애기 들쳐 업고 왔다가 서슴없이 바지 걷어 부치고 모내기 한 젊은 새댁입니다. 노란 님은 아이디가 아니고 실명입니다.)

호스와 두꺼비

어제 겨우 논에 물 대는 호스를 고쳤는데, 오늘 또 호스가 막혔지 뭡니까. 혼자 이리저리 기를 쓰다 포기하고 벼농사 작목반 회원들한테 전화를 했지요.

연락 받고 이강두 님이 오셨는데, 연락도 받지 않은 임연규 님도 오시고 오광일 님도 오셨네요. 임연규 님은 아내에게, 일은 말고 운전만 해주겠다고 했다가 모내기도 열심이시더니 이젠 나서서 걱정을 하십니다.

"바쁘실텐데, 어떻게 오셨어요?"

"논에 물이 제대로 찼는지 걱정이 돼서요." 하네요.

임연규 님은 물이 낮은 데부터 차니까 높은 데까지 올라가지 못한다고 새로 사온 호스를 더 연결해 높은 곳에 물 대는 작업을 했습니다.

이강두 님은 위쪽 상수원에 가서 호스에 그물망을 씌우는 작업을 했고, 오광일 님은 중간에 이음새 부위를 더 튼튼하게 막는 작업을 했지요.

이음새가 어떻게 새고 있는지 확인하기 위해 호스를 분리했더니 그 속에 두꺼비가 죽은 채로 꽉 끼어있었습니다. 두꺼비 시체가 물에 팅팅 불어 물 한 방울 셀 틈 없이 호스를 꽉 채우고 있으니 막힐 수밖에요. 오광일 님이 콩쥐팥쥐의 깨진 항아리를 막아준 두꺼비 꼴이라 했습니다.

진작 상수원 꼭지에 그물망을 해놓았으면 이런 일이 없었을 텐데, 저의 게으름으로 애꿎은 두꺼비만 죽었네요.

철조망 아래 밭에서 주말농사를 하시는 이웃 분이 우리 원두막 수도의 호스를 논에까지 연결해 주셨습니다. 그러니까 세 군데에서 물을 대게 되었는데, 내일 아침에 제대로 논에 물이 찰지 자못 궁금합니다. 물이 차는 걸 보고 남은 모내기 일정을 잡아야겠습니다.

어쨌든 두꺼비 놈이 콩쥐에겐 좋은 일을 하더니 우리 밭에선 목숨을 던지면서까지 나쁜 일을 했네요. 아마 두꺼비 놈 입장에선 제가 팥쥐였는지도 모르겠습니다…??!!

더 이상 기다릴 수 없어

6월 14일

물을 채우고 또 채워도 채워지지 않아 어제는 결국 호미로 마른 모내기를 하기로 했습니다.

(마른 모내기란 마른 흙에다 벼 모종을 심는 것을 말합니다. 지금처럼 지하수 물을 퍼낼 수 없었던 옛날 천수답에서는 가물면 때를 놓칠 수 없어 어쩔 수 없이 심었던 방식이지요. 물이 찼을 때는 손으로 살짝살짝 모를 꽂으면 되는데, 마른모내기는 일일이 호미로 흙을 파서 심어야 하니 일도 몇 배로 힘들고 시간도 훨씬 많이 걸리지요.)

계곡물 상수원도 말라가고, 두꺼비가 빠져 죽어 또 호스가 막히고,

놀러온 아이들이 장난으로 호스에 구멍 뚫고 찢고 해서 또 막히고,

잠깐 물 좀 쓰겠다고 빌려간 호스 그대로 방치해 놓고 가버려 그나마 약간의 물조차도 끊기고… 일이 이쯤 되고 보니,,

더 이상 기다릴 수 없어 무식하게 마른 모내기로 했지요.

대기하고 있는 벼 모종도 타들어가니 더 이상 기다릴 수 있겠습니까?

목요일에는 비가 온다니 그 전에라도 꽂아두면 물이 차 괜찮겠다 싶었습니다.

일요일 오전, 부랴부랴 에스오에스를 쳤습니다.

최성균 교감님, 한미선 님 가족 네 분, 이일형 님 가족 두 분이 오셔서 두발 벗고 나서서 논을 작게 쪼개 구역별로 물을 조금씩 담아가며 모를 냈습니다.

해가 다 떨어질 때까지 해서 얼추 70%는 한 것 같았습니다. 기역자로 꺾어진 쪽의 반 가까이까지 했으니 많이 한 것이죠.

제일 면적이 큰 쪽을 다 채우고, 논 안에 작은 고랑과 두둑을 만들어가며 자작하니 물도 채우니 제법 그 쪽은 논 같아 보였습니다. 그제서야 약간 위안이 되었지요.

이제 조금 남은 것 오늘 마저 했으면 합니다. 어제 수고한 분들은 빼고요, 제가 연락드리겠습니다.

최 이 해 ___

'깨진 독에 물 붓기'라는 말을 자주 쓰셨던 부모님 생각이 나더군요. 자식 교육비가 한정이 없기에 빗댄 말이었겠지만, '마른 논에 물 대기' 역시 그에 못지않더군요. 그나마 다행인 것은, 겉은 푸석거려도 삽질을 해 보면 속은 젖어 있어서 그동안 물 댄 것이 헛되지는 않았구나 싶더군요. 제3차 모내기 참가자 여러분, 힘 내세요!!

이 선 신 ___

토요일에 회사 야유회가 있어서 못가고 일요일 오전에 밭에 갔었는데, 오후에 모내기를 하셨군요. 그렇지 않아도 어떻게 되었나 궁금해 논에 가 보니 물도 없고 모는 타들어 가는 것 같아 안타까웠는데, 오후에 수고들 하셨군요.

두레콩밭 제 밭에도 가보니 비가 안 와서 싹 나온 곳이 두세 군데밖에 없더군요. 이번 주 목요일에 비가 많이 왔으면 좋겠네요. 콩잎 나오면 풀 뽑기가 시작되겠죠? 풀 잘 뽑을 자신은 있는데…

강 혜 숙 ___

토요일에 남편이랑 논을 둘러보고 애태웠습니다.

산에서 내려오는 계곡물은 말라 있고, 비도 논이 찰만큼 오질 않아 답답한 마음에 그냥 '좋은 경험 했다'고 생각했는데 노력들이 대단 하십니다.

시작이 좋았으니까 좋은 결과 있으리라 믿습니다.

부뚜막을 만들었어요

오늘 네 번째 모내기 했습니다.

이일형 님 부부와 불교귀농학교 간사를 지낸 김석기 님이 와서 도와주셨습니다.

아마 내일 한 번만 하면 마무리 할 수 있을 것 같습니다.

그러나 과연 마무리가 될지 걱정입니다. 논농사란 물농사나 다름없는데 물이 차질 않았으니 모를 꽂아보았자 무슨 소용이 있겠습니까? 이젠 거의 의무방어전 분위기입니다. 아마 포기하고 다른 일이나 한 것이 부뚜막이었을지 모릅니다.

군포 농장 정용수 교장선생님이 오셨기에 부탁해서 원두막 옆에다 새로 막을 하나 만들었습니다. 목초액 제조통에서부터 가마솥과 각종 불 때는 통들을 모아 놓을 비가림 부뚜막이지요.

목초액 제조통은 왕겨를 태워 연기를 액화해서 물을 받는 통인데요, 드럼통을 이용해서 만든 것입니다. 왕겨는 불이 확 붙질 않고 하얀 연기만 풀풀 나기 때문에 양질의 목초액이 받아집니다.

목초액은 하얀 연기로 받아야 질이 좋고, 파란 연기나 검은 연기는 타르 성분이 많이 나옵니다. 유기농업에서 쓰는 자연 농약으로는 최고지요. 드럼통을 이용한 목초액통은 제가 개발한 것입니다.

목초액을 육묘 하우스 안에서 만들다보니 모종들이 연기 피해를 받아, 바깥에서 만들기로 한 것입니다. 남은 벼 모종 얻어간 이천의 한 분도 육묘상자 반환하러 왔다가 큰 힘 보태주고 가셨지요.

이제 지붕만 씌우면 완성됩니다. 마당에 있던 가마솥도 옮겨가면 원두막 마당도 넓어지고 부엌도 단정하게 만들어질 것입니다.

더불어 부탄가스 렌지를 쓰지 않고, 나무로 불을 피우는 장작렌지를 만들어 놓으려 합니다. 부탄가스통도 보기 싫고, 돈도 적지 않게 들고 해서 말이지요.

강 혜 숙 ___

농장 모습이 어떻게 달라졌을까 상상을 해보았습니다.

님들의 땀방울만큼이나 많은 회원님들이 즐거워할 것입니다.

도와주신 모든 분들께 감사드립니다.

이 선 신 ___

모내기 하느라 수고 많으셨습니다. 오늘도 또 수고를 하시겠군요.

심은 모들이 무럭무럭 자라는 날 그동안 흘리신 땀방울에 대한 보답을 받겠죠.

비가림 부뚜막이 완성되면 우리 안산농장이 점점 더 모양새를 갖추겠네요. 교장님께서 목초액 만드는 시범도 모두에게 보여주실 거죠?

6월22일 끝없는 모내기?

이번 비로 겨우 논에 물이 들어와 그제 일요일에 약간의 비를 맞으며 모내기 전사들이 같잖은(?) 논에 뛰어들어 또 끝이 안 보이는 모내기 대장정에 들어섰습니다.

항상 보무도 당당한(빛나는 머리와 함께) 교감선생님,

든든한 낭군들을 거느린 한미선 님 가족들(귀여운 아이들과 함께),

먼 곳에서 작은 거인마냥 선글라스 끼고 옆구리에는 백세주도 끼고서 나타난 김현심 님이 열심히 또 열심히 해서 드디어 끝이 보이게끔 모내기를 했습니다. (짝짝짝!)

이제 진짜로 한 번만 더 하면 완전히 마무리가 될 것 같습니다.

나머지는 그동안 바쁘셔서 못 오신 분들을 위해 남겨두었습니다.

요번 주에는 드디어 끝낼 걸 기대하며 육묘상자를 주인에게 반납하러 가려 합니다.

더불어 우렁이도 구해오려 하는데, 물이 마저 안 차면 우렁이가 기도 안 찰텐데 걱정입니다. (끌끌끌)

논 김매기

정신없이 모내기만 하다 어느 새 잡초가 올라와 김매기 할 때가 되었네요. 논에서 자라는 대표적인 잡초는 피입니다. 피는 벼와 같은 벼과 식물로 처음 자랄 때는 벼와 똑같습니다. 전문가 아니면 구별하기 힘들지요. 그런데 성장은 더 빠릅니다. 벼는 한 뼘만한 것을 심었고 피는 그때야 싹을 틔웠는데도 한 달 안에 벼보다 더 커버린답니다.

어제는 이강두 님이 비가 쏟아지는 우중에도 꼬마 아들과 함께 남은 모내기를 했습니다. 나중엔 너무 비가 쏟아져 그만 철수해야 했습니다. 이것으로 모내기는 끝낼까 합니다.

논을 크게 두 구역으로 나눠, 큰 구역은 다 했으니 올해는 이것으로 만족해야겠습니다.

이제 급한 것은 김매기입니다.

일요일(27일)에 논 김매기 하려고 합니다.

벼농사 작목반 여러분들은 꼭 참석해주십시오.

비가 많이 오면 못하겠지만, 그리 비가 많이 오지 않으면 강행할까 합니다.

일요일날 하려던 들풀 공부는 또 연기합니다.

7월 3일 오후 5시에 할 예정입니다.

저녁에 별 관측 프로그램이 있는데, 그 전에 풀 공부하고 별 관측하면

도시농부들 이야기 | 71

될 것 같습니다.

강 혜 숙 ___

휴~~~~~~긴 한숨이 나오네요.

남들이 보면 천석꾼, 만석꾼 농사를 짓는 부자로 알겠어요.

참, 많이도 교장님을 애타게 하던 모내기가 드디어 끝났군요.

모두들 애쓰셨습니다.(짝짝짝)

여름농사 ——— 3

6월 11일 마늘밭 김매기

저는 마늘밭 김매기를 좋아합니다.

우선 김매고 다음에 보면 키도 훌쩍 크고 생기가 돌지요. 그래서인지 김매기 한 번 한 것이 거름 주는 것 이상의 효과가 있다지요.

마늘은 가을에 심고 겨울을 나서 캐기까지 세 번 풀을 매주면 되지요. 제가 좋아하는 작물 가운데 하나입니다.

그 추운 겨울을 견뎠다가 봄 늦게 싹이 터오르는 것도 신기하고 초여름 풀과 경쟁하는 것도 대견하며 대공이 말라 거의 다 죽었다 싶을 적에 캐어 보면 6쪽의 마늘이 생겨난 것도 무슨 거룩한 부활을 떠올리게 하네요.

거기다 한 쪽 심어 여섯 쪽이 생기니 6배의 적은 수확량이지만 그 6배에 많은 양분을 응축하여 건강에는 그만이지요.

하지만 유기농으로 마늘 키우기는 여간 힘든 일이 아닙니다.

저는 이제 3년째 마늘 농사를 합니다.

첫해에는 캐어보니 제 엄지 손톱만한 게 한심해서 그저 묶어 매달아 놓았지요.

집들이 할 때예요. 남편이 마늘을 까는 일을 도와주었어요. 손톱만한 마늘에, 솥뚜껑만한 남편 손, 결국 쪼그리고 앉아 한 시간 넘게 까도 겨우 한 줌 남짓, 그만 남편이 두통을 호소하는 거예요.

너무 신경 썼더니 머리가 아프다구….

그 이후로 마늘 까는 것이 힘들어 거의 손도 대지 않았어요.

그 다음 해에는 전년에 비해 제법 굵어져 쓸만한 것들은 모아서 마늘 장아찌 담그고, 나머지는 대바구니에 두고 겨우내 먹고 얼마 전에 털어버렸어요.

그리곤 아쉬워서 재작년에 수확하여 걸어둔 손톱만한 마늘을 만져보니 그만 부스러지고 말더군요.ㅜㅜ

첫해 마늘은 그만 한쪽 구석 벽에 매달려 제대로 먹지도 못한 채 말라버리고 말았답니다.

(마늘아 미안)

이제 세 번째 마늘 수확을 보름 남짓 앞두고 있어요.ㅋㅋ

마지막 김매기를 하고 있는데 이번주 안에 끝내고 풍성한 마늘 수확을 기다려 볼랍니다.^^

_____ **김 영 채**

6월18일 감자 수확과 풀 매기

감자 수확할 때가 되었습니다.

원래는 하지 감자라 해서 이맘때가 수확 적기입니다. 다만, 늦게 심었기 때문에 조금 늦게 수확해도 됩니다.

그러나 포기가 시들기 시작하면 땅 속에 알이 더 이상 굵어지지 않는다는 신호이니 거두는 게 좋습니다. 감자 열매는 광합성 작용으로 만들어진 전분덩어리이므로, 광합성을 할 잎사귀가 시들면 더 이상 전분이 만들어지질 않겠지요.

비를 많이 머금은 태풍이 온다니 얼른 거두어야겠습니다.

흙이 젖으면 감자 열매도 흙이 많이 묻어 말리기도 힘들고 보관하기 힘들어집니다. 그렇다고 땅 속에서 마르기를 기다리면 젖은 감자를 땅강아지나 들쥐들이 파먹을 우려도 있지요.

저도 사실 고민입니다. 내일 오전 중에 거두면 제일 좋겠는데 할 일이 많으니 태풍 비를 그대로 맞혀야 할 것 같습니다.

이제 풀과의 전쟁이 시작되는 철입니다. 지금부터 8월까지는 풀이 극성을 부리는 철입니다.

우리 주말농장은 새 흙을 덮은 땅이라 풀이 별로 없어 걱정은 덜 됩니다. 그러나 회원분들이 풀의 공포를 제대로 경험하지 못해 좀 아쉽기는 합니다.

내년엔 아마 제대로 풀의 위력을 경험할 것입니다. 그것을 미리 대비하기 위해서라도 둑과 고랑에서 자라고 있는 풀들을 처치해야겠습니다. 그놈들이 씨를 맺어 내년에 우리를 괴롭힐 것이거든요.

틈나는 대로 풀을 매주는 버릇을 들이도록 합시다.

6월 25일 콩 심은 데 콩 안난다?

오늘 비가 온다는 예보를 믿고 어제는 부지런히 콩밭에 모종을 심었습니다. 이른바 빵꾸 때우기….

콩을 직파했더니 새들이 죄다 쪼아 먹어 콩 심은 자리는 보기에도 무색했어요. 그리고 간혹 새들의 공격을 이기고 살며시 고개를 든 콩싹들도 새들이 떡잎까지 쪼아버려 참혹했답니다. 나쁜 새들….

콩을 심을 때는 세 개씩 심습니다. 새 한입, 벌레 한입, 그리고 나 한입 먹겠다는 뜻에서….

그런데 우리 밭의 새들은 욕심이 과해서인지 저 혼자 다 먹어 버렸어요.ㅠㅠ 그래서 다시 그 자리를 모종으로 매우는 일을 하게 된 겁니다.

저녁 먹고 7시경부터 밭에서 이일 저일 하다 모종을 심게 되었는데 날이 흐려 해가 금방 지고 말았습니다. 어두운 데서 부지런히 모종을 내어 그래도 세 고랑이나 심고 뿌듯한 마음으로 돌아와 비 오기를 기다리며 잠들었어요.

그런데, 아침이 되니 기다리던 비는 오지 않고 난데없이 해만 쨍쨍.

모종이 타는 것 같아 내 마음도 탑니다. 비가 어서 와서 콩 모종이 모두 살아나야 하는데….

_____ 김 영 채

강 혜 숙 ___

"자기야, 콩이 왜 이리 안 난 데가 많아?"

"기다려봐 날 꺼야."

그러고는 지금까지 쭈~~~~~욱 기다리는 짝꿍, 담엔 무슨 말을 할지…킥~

소식 반가웠습니다.

이 선 신 ___

안그래도 저도 지난 주에 밭에 갔을 때 콩두레한 밭에 콩이 얼마나 났나 궁금하여 농장에 도착하자마자 한걸음에 달려갔었는데, 찾는 콩은 별로 보이지 않고, 풀들만 고개를 내밀고 있더군요.

맥이 쭉 빠졌습니다.

한 줄에 6~7구멍을 심었는데, 한 줄당 대표로 한 군데씩만 나왔더군요.(이긍 못살아.) 콩이 나오면 열심히 풀 뽑아주려고 벼르고 있었는데…. 아무래도 이번 주말에 가서 콩 모종 남은 게 있으면 열심히 모종해야 겠네요.

온다는 장마전선은 남부 쪽에서만 꾸물거리고 있으니, 감자를 캐야 하는 입장에서는 너무 다행인 것이고, 콩을 생각하면 비가 좀 와야 되겠는데….

초보농부의 마음이 이렇게 헷갈리고 있습니다.

6월26일 콩과 들깨 모종

새가 하도 쪼아 먹어 콩이 별로 싹이 안 났습니다.

예년엔 목초액에 담가 심으면 70%는 싹이 나서 나머지를 빵꾸 떼우면 되었는데 올해는 그렇지가 않네요.

콩이나 옥수수 같이 새가 좋아하는 씨를 심을 때는 목초액 희석액으로 불려 심습니다. 목초액은 강산성인데다 연기가 액화된 물이라 냄새가 강력해 동물이나 벌레들이 아주 싫어하거든요. 목초액을 물로 100배 희석해서 한 시간 넘지 않게 콩을 담갔다가 심으면 새들이 쪼아 먹질 않지요. 콩이나 옥수수 같은 씨앗을 쪼아 먹는 놈들은 주로 까치와 산비둘기인데, 이중 까치란 놈이 아주 영악하고 성격이 못됐습니다. 냄새 때문에 먹지도 못하면서 싹이 올라오면 모가지를 싹둑 잘라놓거든요.

제 생각엔, 검불로 덮을 풀이 하나도 없어 더 그렇지 않나 싶습니다. 목초액에 담갔다가 풀로 덮어 심으면 위장도 되고 흙의 수분도 보호해주어 발아가 빠르거든요. 로터리로 흙을 갈면서 풀도 다 갈아 버렸으니 덮을 게 없었습니다.

제 콩밭도 올해 새로 흙을 덮은 것이라 마찬가지로 새들이 다 까먹었네요. 기존 밭에는 검불과 풀이 많아 옥수수 심고 덮었더니 100% 싹이 났거든요.

어쨌든 제 잘못으로 회원들의 고생이 헛수고가 되었네요.

하우스에 콩 모종을 키워놨는데 빵꾸 메울 정도로 심은 거라 양이 별로 많지 않습니다. 계속 콩을 심고 있으니 점점 늘어날텐데요, 지금 있는 것이라도 오셔서 심으십시오.

그리고 들깨 모종이 너무 웃자라고 있습니다. 그동안 비도 오고 이래저래 들깨 심는 걸 놓쳤는데요, 하루라도 빨리 심어야겠습니다.

들깨는 고구마처럼 뉘어 심는 것인데, 너무 길죽하게 자라 빙글 한번 돌려 감아 심어야 합니다. 글로 설명드리기가 애매한데, 제가 칠판에다 그려 놓겠습니다.

| 콩 씨뿌리기 |

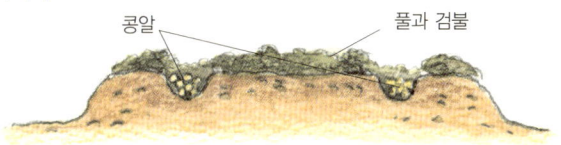

콩알　　　　풀과 검불

옛날엔 세알을 심어 새 한 알, 벌레 한 알, 사람 한 알 씩 먹는다고 했는데 요즘 새는 극성을 부려 5~7개씩 심는 게 좋다.

콩을 목초액에 담갔다 심으면
그 냄새 때문에 새들이 달려들지 않는다.

| 들깨 모종 심기 |

위로 노출

땅 속으로

들깨는 2~3개씩 뉘여 심는다.
때를 놓쳐 너무 길게 자란 놈을 심을 때는
한바퀴 감아서 심는다.

어린 대파 모종

파 모종은 참 재미나네요.

사실 파 모종은 올해가 처음인데 고랑 사이는 약 20센티미터 간격으로 하고 고랑에 파를 나란히 눕힌답니다. 이때 파 모종 사이의 거리는 약 1~2센티미터 정도로 하지요. 그래서 파 모종은 다른 모종에 비해 후딱 해치우고는 아쉬워했어요. 모든 양념이 그렇듯 파도 양념이라서 늘상 쓰는 거니까 많이, 무조건 많이 심어야 한다는 할머니 말씀이 생각나 더욱 아쉬웠어요.

다만 파 모종을 하는 데 한 가지 어려운 점이 있었어요. 파가 여린데다가 거의 90도 이상의 각도로 구부러져 있어서 나란히 누이는데 애를 먹었어요.

"애구 파가 왜 이리 꼬부라졌냐… 심기가 민망하네….″

같이 파 모종 하시던 엄마 왈 "파가 삐져서 그러지. 아직 어린데 이렇게 억지로 옮겨 심으니까 파가 삐졌어 끌끌….″

그렇구나. 파가 삐졌구나. 아직은 때가 아닌데 옮겨 심으니 원망이 어찌 없으리오. 하지만 콩 모종이 너무 모자라 파 모종을 얼른 뽑아내고 콩을 심어야 하는 현실을 어린 파는 알런지….

파를 나란히 누이고 나서 그 위에 흙을 솔솔 뿌리면 모종 끝!!!

파 위에 흙을 너무 덮으면 파가 일어나지 못하고 죽는다나요? 이제 곧 파가 일어설테니 그 위로 북을 돌아 주면 된답니다.

파라는 작물 독특한 성격을 가졌지요?

스스로 몸을 세워 일으키면 그 위로 흙을 북돋아야 하다니. 파가 뿌리
를 내리는 데에는 생명력을 중히 여기는 마음까지 필요한가 봅니다.

_____ **김 영 채**

| 대파 모종하기 |

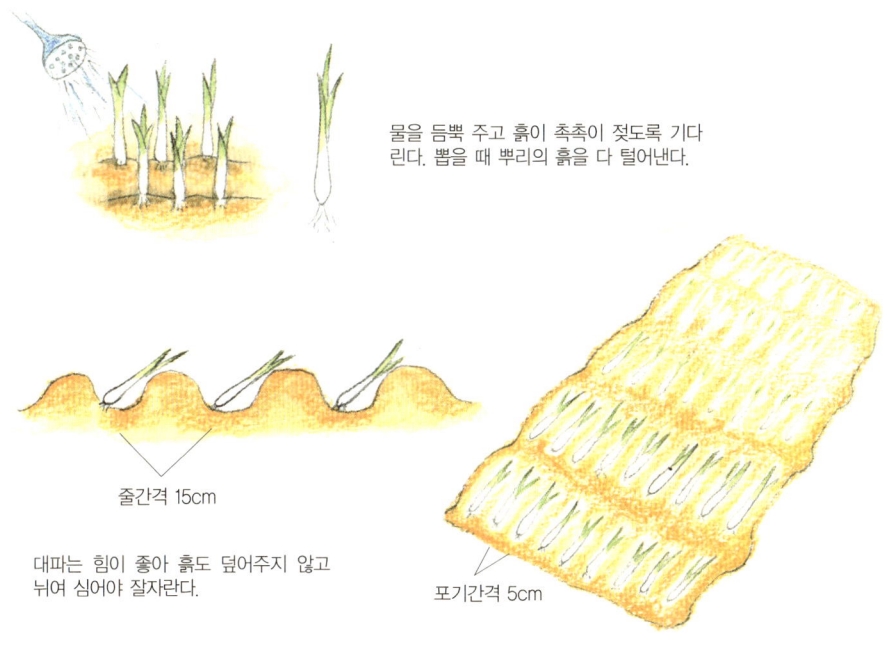

물을 듬뿍 주고 흙이 촉촉이 젖도록 기다
린다. 뽑을 때 뿌리의 흙을 다 털어낸다.

줄간격 15cm

대파는 힘이 좋아 흙도 덮어주지 않고
뉘여 심어야 잘자란다.

포기간격 5cm

남쪽을 향해 뉘여 심고 흙은 덮지 않는다.
가물 때면 심고 나서 물을 뿌려준다.

4

농사문화
만들기

6월29일 음식물 퇴비간

한순간에 툭탁툭탁 퇴비간을 만들었습니다.

서정호 님, 남원호 님, 병주 아빠, 교감선생님 들이 수고하셨습니다.

특히 일곱 살 병주가 일등공신이었지요. 버려진 나무 상자에서 못을 뽑으면 퇴비간으로 직접 날라다 놓았답니다.

세 개를 만들었는데요, 중간 것에는 톱밥이나 왕겨나 마른 풀을 쌓아놓고, 음식물을 버릴 때 이것들로 덮으면 됩니다. 나머지 두 개도 먼저 하나만 쓰고 그게 다 차면 다음 것을 씁니다.

거기에다 사용법 푯말을 달아 놓을테니 참고해 주세요.

절대 일반 쓰레기는 버리면 안 됩니다. 음식물에 비닐이나 플라스틱, 화장지 같은 이물질이 들어가도 절대 안 됩니다.

앞으로는 집에서 힘들게 남은 음식물에 발효제를 뿌린다든가 물기를 제거하느라 고생하지 않아도 됩니다. 찜통이나 뚜껑 달린 양동이 같은 데다 담아오면 더욱 좋지만 여의치 않으면 그냥 비닐에 담아 와도 됩니다. 그러나 비닐은 꼭 다시 가져가야지요.

이제부터는 거름도 자급하는 농사를 합시다.

밥상 자급보다 거름 자급이 더 근본적입니다. 농사의 근본은 흙을 잘 일구고 살리는 것이죠. 그러려면 좋은 거름을 넣어주는 게 필수입니다. 그렇게 흙이 비옥해지면 밥상 자급은 절로 되지요. 밥상은 자급하면서 밥

을 먹고 나오는 음식물 쓰레기나 똥 오줌이 다시 밭으로 돌아가지 않는다
면 거름 자급도 힘들고 따라서 밥상 자급도 불가능해지지요.

| 밭에서 음식물 퇴비간 만들기 |

왼쪽은 생음식물 1차 퇴비간, 가운데는 낙엽과 마른풀 보관통,
오른쪽은 왼쪽에서 1차 삭은 음식물 2차로 삭히는 퇴비간

생음식물

북돋아진 곳에 설치하여
빗물이 스며들지 않게 한다.

말뚝을 박아 문짝을 걸쳐 나중에 거름을 꺼낼 때 열기 좋게 만든다.

7월 4일 풀 공부

어제 교감선생님의 말씀이었습니다.

해가 나면 밭을 갈고 비가 오면 공부를 하게 된다는 양경우독陽耕雨讀. 부곡 농장의 극히 경제적 시스템을 일컬어 하신 말씀이죠. 비가 오는데도 아랑곳없이 들풀공부에 임해주신 텃밭회원님들의 열정에 감탄합니다.

밭작물과 밭의 들풀에 관해선 평소 공부를 게을리했던 지라 수업에 앞서 부족한 마음이 많았답니다. 덕분에 공부도 좀 하게 되었구요. 그래도 열의를 보이시며 들어주셔서 감사하구요. 맨 앞에 앉아 열심히 듣던 두 어린이에게도 참 대단하다는 말 하고 싶네요. 요즘 애들 그렇게 오래 앉아서 버티기 힘든데 말입니다.

모자람이 있는 강의였지만 끝까지 들어주신 분들께 고맙습니다. 더욱 열심히 공부하겠습니다.

_____ 한 미 선

강 혜 숙 ___

미선 씨, 목이 잠기지 않았나 걱정을 해 봅니다.

덕분에 모르고 있었던 걸 많이 알고 왔습니다. 주제가 나오면 여러 분들이 알고 있는 상식들을 들춰내느라 강의 진도가 다음으로 넘어가질 못해서 교장선생님이 선을 그어 줄 정도로 분위기가 좋았고 재밌어서 기억에 오래도록 남을 것 같아요. 그런데 부탁이 있네요…. 들어 주실거죠! 독초 이름들이 생소해서 기억이 잘 안 나네요. 다시 알려 주시면 안 될까요?

한 미 선 ___

강의가 재미있으셨다니 다행입니다.

독초도 몇 가지로 나눌 수 있다고 말씀드렸는데요,

우선 맹독으로 한의사의 처방에 따른 적절한 가공과 적정량 복용을 지키지 않을 경우 죽을 수도 있는 것부터 나열하면, 천남성, 현호색과 식물, 미나리아재비과 식물, 미치광이풀, 지리광활, 독미나리, 산자고, 족두리풀, 자리공, 나팔꽃씨 등입니다.

다음은 과량 복용하면 중독현상이 나타날 수 있는 것들로는 수선화, 은방울꽃, 애기똥풀, 피마자, 개옻나무, 개다래, 까마중, 담배, 도꼬마리, 미역위 같은 것들이지요.

피부질환을 일으키는 놈들로는 토란, 은행, 옻, 개옻이 있으며 안질환을 일으키는 놈은 돼지풀이고요.

그 밖에 아편과 관련하여 법적으로 문제가 되는 것들은 양귀비, 대마 등이 있습니다. 그리고 괭이밥이란 놈은 잘못 먹은 독초를 해독할 수 있는 기능이 있다고 말씀드렸습니다.

안 철 환 ___

안질환이 안철환인 줄 알고 그냥 지나가질 못해 자세히 보다가 또 복습을 했네요. 농사와 관련해서만 풀을 이해하다보니 모르는 게 참 많았던 것 같습니다. 우리는 양경우독할 수밖에 없는 운명인지, 공부할 때마다 항상 비가 옵니다. 굴하지 않고 열심히 강의해 주신 한미선 선생님께 감사드립니다. 가을이 되면 또 풀 공부를 하면 좋겠습니다. 그때는 양경양독陽耕陽讀이 되길 바라며….

가마솥 수제비

7월 11일

　토요일에 가마솥 수제비가 넘 맛있어서 아직도 눈앞에 삼삼하게 떠오르네요.

　제가 해 놓고선 제가 이런 말 하기는 그렇지만, 집에서 조금씩만 하다가 이렇게 많이 끓이기는 처음인데도 왜 이리 맛있는거야!!!!!!!! 감탄하며 먹었답니다. 아마도 가마솥 맛이 한몫 한 것 같습니다.

　교감님이 주신 단호박도 최고 였슴다. 교장님께는 귀찮게 해드려 죄송한 맘이구요, 같이 했던 회원님들 많이 도와주신 덕분입니다. 토요일에 있었던 일들은 살아가며 얘기할 수 있는 추억으로 자리 할 것입니다.

＿＿＿ **강 혜 숙**

원　　희 ＿＿

　정말 너무 맛있었어요~ 준비도 너무 많이 해오시구~ 넘 수고하셨어요. 덕분에 정말 맛나게 많이 먹었어요. 배가 불러서 일하기가 조금 힘들기도 했지만요~^^;

　좋은 추억 만들어주셔서 감사해요.

안 철 환 ___

귀찮기는요? 천만에죠.

너무 정성껏 준비해오신 님께 오히려 더 고맙고 감사했습니다.

특히 제가 수제비라면 사족을 못 쓰거든요. 이렇게 맛있을 줄 정말
몰랐습니다.

제사에 가서 제삿밥 먹는데도 수제비가 어른거렸다니깐요.

서 정 호 ___

무릇 사람들은 자기를 낮추는 미덕이 있건만

그 누가 있어 자기를 최고라 하니

스스로 만망함이 극에 이르는 구나

강 혜 숙 ___

혼자 했음 절대 안 하지요.

합동 작품이기에 할 수 있다는 것을 왜 이다지도 모르시나이까…

야속한 임아~~~

고추가 너무 매워서

지난 주에 농장에 갔을 때 고추를 몇 개 따오고, 또 교감선생님이 딴 고추가 많다고 조금 가져가라 해서 그것도 몇 개 가져왔는데, 상추쌈에 고추를 고추장에 찍어 같이 먹었습니다.

그런데, 고추가 장난 아니게 맵더군요. 어제 저녁에도 먹었는데 너무 매워서 몇 번 집어 먹었는데도 탈이 나버렸습니다. 지금도 뱃속이 쓰립니다.

이렇게 매운 고추는 어떻게 처단(용도)해야 하나요?

고추장에 찍어 먹기에는 너무 맵고, 찌게에 넣어 먹는 것도 한두 개 정도겠고. 고추의 매운 기를 빼는 방법은 없나요? 음식에 잘 사용할 다른 방법은 없는 건가요?

_____ 이 선 신

강 혜 숙 ___

청양고추를 심었나봐요.

교감님 고추도 청양고추처럼 매웠는데…. 모르고 먹으면 혀가 마비된답니당. 국이나 찌개할 때 넣고 끓이면 국물이 끝내주지요. 우린 모든 음식에 조미료처럼 넣는답니다. 먹을 때 골라 내더라도 상큼

한 맛을 내는 성분이 있는 것 같아서….

박 현 숙 ___

개울 건너 밭의 회원이랍니다.
약오른 매운 고추라야 삭힘 고추, 고추 간장장아찌가 맛있습니다.
얼얼하게 매운 청양고추로 삭히기도 하는데 저는 너무 맵더라구요.
그것을 삼겹살과 함께 먹으면 개운하다고 즐기는 분들도 많습니다.
저는 매운 고추는 얼려두었다가 일 년 내내 찌개에 넣어 먹습니다.
아직까지도 냉동고에 있지요.

나 그 네 ___

〈매운고추 멸치볶음〉
매운고추를 가위로 잘게 썰어(손이 매우니까)
간장, 마늘, 물을 넣어 조린 후에 멸치 넣고 볶다가
들기름(식용유, 참기름), 통깨 넣고 볶으면 완성됩니다.
입맛 없을 때 먹으면 칼칼한 게 맛있답니다!

최 이 해 ___

감자국 한 냄비에 매운 고추 한두 개 어슷 썰어 넣으면 우려진 매운
맛이 특별하답니다. 먹을 때 고추는 건져 버리면 되지요.
호박 채 썰고 고추를 다지듯 썰어 부침개 해먹으면 맵긴 한데 호박
하고 밀가루가 잽싸게 중화시켜 준답니다. 부피로 따져 호박 3에
고추 1 정도가 적당한데, 매운 것 못 참는 선신 님은 5대 1정도가 좋
을 듯합니다.

양념간장에 다져 넣어 호박잎 쌈에 발라 먹으면 참기름 탓인지 호박잎 탓인지 덜 맵고요. 조개젓 사다가 무칠 때는 매운 고추라야 제맛이지요. 동그란 원형을 유지하면서 최대한 얇게 썰어야 보기도 좋지요.

씨앗을 긁어내면 매운 맛이 좀 덜해지는데…. 나그네 님이 올려준 멸치 볶음을 할 때도 씨앗을 긁어내고 세로로 길고 얇게 썰면 폼도 나고 맛도 조절해가면서 집어먹을 수 있으니 더 좋지요.

아무튼 고추는 매워야 제맛이니 너무 맵다고들 하지 말고 친해지도록 해보세요. 배탈 안 나고 여름을 나는 데도 풋고추 하나면 충분하대요. 뱃속의 잡균들도 무서워하는 매운 맛이 몸에는 좋은 맛이랍니다.

7월 31일 호미와 괭이

농사 연장은 정말 많습니다.

우리 하우스에도 각종 연장들이 혹은 서서 혹은 누운 채 누군가의 손길을 기다리고 있으니….

난 그 많은 농사 연장 중에서 호미가 짱이라 생각해 왔습니다. 그래서 언제나 무조건 젤루 좋은 호미를 골라 쥐고 씩씩하게 밭으로 향했지요.

풀을 뽑을 때나, 북 돋을 때, 심지어 토마토나 고추를 딸 때조차 호미를 들고 갑니다. 토마토를 따면서 혹시라도 풀이 심하게 올라왔거나, 고추대가 약간이라도 쓰러진 것 같으면 호미로 풀도 매고, 북돋아 주어야 하니까….

이 호미란 연장은 마치 사마귀의 길고 강한 앞발처럼 생겨서 풀을 뽑기도, 북돋기도, 밭을 매기에도 일품입니다. 정말 내 보잘것없는 손과 손톱이 호미로 인해 강해지고 연장된 기분이 들지요.

그런데, 올해는 울 신랑이 일명, '사인, 코사인 농법'을 개발하여, 제초와 북돋기를 일거에 해결할 획기적인 방법을 시도 중인데 이 농법에는 호미보다는 괭이가 적격입니다.

사인 곡선과 코사인 곡선 사이에는 90도 만큼의 차이가 있지요. 즉, 두둑이 고랑되고, 고랑이 두둑되는 농법이라 할 수 있겠습니다. 그래서 콩이나, 대파, 그리고 수수 같은 작물은 골을 파고 심고 바로 두둑을 만들어

주지는 않습니다.

　어느덧 작물이 자라고 더불어 풀이 자랄 즈음에 북돋아 주면서 동시에 제초를 해버리는 겁니다. 아직 속단은 금물이나 지금까지는 제법 그럴 듯 합니다. 그리고 이 때에는 쪼그리고 앉아서 호미질로 하는 것이 아니라 서서 괭이로 작물 사이를 긁어 주면 흙이 뒤집히면서 북이 생기고, 그 사이에 자리 잡았던 풀들은 그만 뿌리째 뽑히는 신세가 되고 말지요. ㅋㅋ

| 두둑과 고랑을 이용한 풀매기와 북주기 |

고랑에 작물을 심고 두둑에 자라고 있는 풀을 호미로 흙 채 긁어준다. 그러면 작물이 있던 고랑은 두둑이 되고 풀이 있던 두둑은 고랑이 된다. 최소한 두 번에 걸쳐 매준다.

텃밭에선 두개씩 심는 것보다 한 개씩 심는 게 작업하기 좋다.

약간 힘은 들지만 일의 속도가 제법 빠르고, 서서 하다 보니, 관절에 무리가 덜 가는 것 같고, 팔만 움직이는 호미질에 비해 서서 허리를 쓰는 괭이질은 전신운동이 됩니다.

무엇보다 내 온몸이 괭이로 인해 연장된 기분이 들어 좋습니다.

요즈음 난 밭에 가면 괭이부터 찾습니다. 그리고 아직은 미련을 못 버린 호미도 함께 챙겨들고 밭으로 갑니다.

하나에 하나를 더하면 둘이 되는 것은 아닙니다. 호미에 이어 괭이에 익숙해 지다보니, 다른 농사연장에 새삼 눈을 돌리게 됩니다. 그저 늘상 거기 서있는 걸로만 생각한 연장들이 이젠 새로운 쓸모를 간직한 소중한 도구로 보이기 시작한 거죠.

나의 다음 연장이 무엇이 될 지, 그리고 그 과정에서 나의 육신이 어떻게 연장될 지 궁금합니다.

_____ 김 영 채

| 간단한 농사 연장들 |

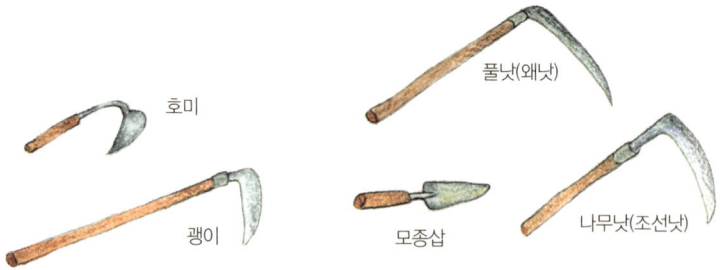

호미

풀낫(왜낫)

괭이

모종삽

나무낫(조선낫)

마늘   8월 2일

흔히 말하는 밭마늘과 논마늘의 차이는 뭐죠?

밭과 논이 틀리다는 것과 가격이 틀리다는 것은 알겠구요.

그 외의 것들은 잘 모르지만 구분을 해서 부르는 걸 보면 뭐가 틀려도 틀린 거겠죠?

한 술 더 떠서 유황 밭마늘도 있던데….

_____ 한 미 선

안 철 환 ___

밭마늘은 딴딴하여 오래 보관할 수 있습니다. 통풍 잘되고 겨울에 얼지 않게만 하면 1년도 먹을 수 있지요. 보통 육쪽마늘이라고 하면 밭마늘을 일컫습니다. 그래서 쪽수가 적고 크기가 작아 논마늘에 비해 소출이 적지요. 반면 논마늘은 쪽 수도 많고 재질이 부드러워 먹기도 좋고 소출도 많다고 합니다. 모내기 전에 수확해야 하므로 밭마늘보다 일찍 출하되지요. 반면 보관이 오래가지 않고 그래서 또 종자로 쓰기에도 곤란한 단점이 있습니다. 그러나 특별히 종자가 다른 것은 아닙니다. 재작년엔 의성 논마늘을 심었는데도 잘 되었거든요.

종자 구분에서 더 중요한 것은 한지형과 난지형입니다. 한지형은 중부 내륙, 난지형은 남도해안지방에서 주로 재배하는데, 한지형에 선 육쪽마늘이 많지요. 의성 논마늘도 한지형이라 제가 밭에다 심었는데도 잘 된 모양입니다.

한 미 선 ___

그렇다면 일반 관행농에서 밭마늘과 논마늘에 농약을 얼마나 치게 되나요? 제가 볼 땐 관행농에서도 특별히 농약을 안 해도 되는 작물이 있을 거란 생각이 들거든요. 혹시 마늘도 그런 종류가 아닐지 생각해봅니다. 농약을 별로 안치고도 재배가 되는 작물이 있다면 무엇일까요?

안 철 환 ___

마늘도 병에 걸립니다. 흑색썩음균핵병이라 하네요. 이름이 복잡하고 어렵지요? 저도 인터넷에서 찾아 알았습니다. 우리는 별로 병에 관심도 없어서 이름도 잘 모르는가 봅니다.

어쨌든 이 병은 봄에 마늘이 한참 열매를 맺을 무렵에 발병하는가 봅니다. 그래서 약을 치지요. 농약보다 무서운 건 제초제입니다. 제초제는 안 치는 데가 없다고 보면 됩니다.

대표적으로 토란 같은 경우 거의 병이 없는 놈인데, 농약은 안치더라도 제초제는 당연히 치겠지요.

농약 안 쳐도 잘 되는 곡식으로는 고구마가 대표적이고, 야콘이라는 놈도 있지요. 제가 이름 붙인 이른바 방치농 작물들인데요, 그말고는 메밀과 녹두가 그렇게 쉽다고 하네요. 다만 녹두는 한번에 수확하는 게 아니고 그때그때 익은 놈들을 따주어야 하는 불편함이 있답니다. 또, 월동초라고 유채 있지요. 요놈은 가을에 술술 뿌렸다가 겨울에 먹는 배추지요.

논에서 만난 허물들

물이 말라 속을 태우며 온갖 밭 잡초들을 죄다 제공했던 논이 이젠 제법 물이 잘박잘박하니 멋있어 졌습니다. 오늘 저리도 비가 억척스레 내리는 걸 보니 다시 한번 뿌듯해집니다. 역시 목숨 걸고 제초한 보람이 느껴집니다.

이젠 좀개구리밥, 가래, 방동사니 등 제법 논풀 다운 녀석들이 보기 좋게 섞여서 자라고 있더군요. 게다가 올챙이 한 마리 슬쩍 지나가고 소금쟁이 부산히 떠있고 벼 포기마다 학배기 허물이 여기 저기 달려 있더군요. 학배기란 잠자리의 어린 시절을 이르는 말이죠.

잠자리는 수서곤충으로 어린 시절을 물에서 보내고 맑은 날 밤중에 우화를 해서 성충이 됩니다. 잠자리는 성충이 되어서야 그 아름다운 투명날개를 달고 곤충계를 주름잡죠. 수십 킬로미터의 장거리비행, 정지비행, 180도 회전비행 등 온갖 곡예비행을 다 하면서 말이죠.

내가 곤충이라면 그런 비행을 하면서 날아다는 잠자리라는 녀석이 정말 공포스럽지 않겠어요?.

왕잠자리의 학배기 허물을 보고 싶은 분들 논에 가보세요.

왠지 모를 푸근함이 거기서 우릴 기다리고 있답니다.

———— **한 미 선**

영　채 __

항상 저공비행하며 포식하던 잠자리의 보금자리가 궁금했는데, 이젠 논이 잠자리의 아늑한 고향이 되어주네요. 논이 있어야 생태계가 완성된다더니….

강 혜 숙 __

여행길에 벼 이삭이 나와 꽃이 핀 걸 봤는데 가을이 성큼 다가옴을 느꼈답니당.
울 논에도 꽃이 보이던가욤?

한 미 선 __

눈 씻고 찾아봐도 안 보여요.
게다가 이 비에 꽃이라도 피면 어쩌려고… 걱정걱정.
벼 꽃은 순식간에 피었다 진다는데 비가 와도 비가 안 와도 걱정입니다.

안 철 환 __

벼는 비가 와도 수정이 됩니다. 자가 수정을 하기 때문인데, 비를 맞지 않으려고 이삭 뚜껑을 열지 않고 안에서 수꽃가루가 떨어져 암꽃에 달라 붙지요.
하지만 날씨가 좋은 것보다는 못하답니다.

드디어 뒷간 만들었습니다

목요일부터 뒷간을 만들기 시작했습니다.

귀농본부 사무실에 들러 이진천 부장님 꼬셔서 모셔 와가지고 아주 컴컴할 때까지 만들었지요. 나오면서 그날 처음으로 반딧불이 두 마리를 보았습니다. 처음엔 웬 도깨비불인가 했지요.

이부장님의 도움으로 뼈대를 다 세우고 다음날 수직 수평 잡고 고정하고서 어서 토요일이 되어 회원님들 오기만 기다렸습니다.

먼저 이강두 님, 이광선 님이 오셔서 지붕 얹어주시고,

다음으로 교감님, 그리고 아직도 성함을 못 외우고 있는(죄송합니다) 몇 분이 오셔서 무사히 완성을 했습니다.

요번 뒷간은 잿간식입니다. 약간 개량을 했지요.

오줌과 똥을 따로 분리하고, 똥을 담는 똥통과 똥을 받는 쓰레받기, 오줌 받는 물바가지와 오줌 모으는 물통을 두었습니다.

물론 똥은 재나 톱밥이나 왕겨로 섞을 것입니다. 이번엔 왕겨 숯가루를 준비했습니다.

다음으로 밑씻기는 손 비데 방식입니다. 휴지는 금물이죠. 표백제 처리가 되어 있어 발효를 방해하거든요.

사용 방법을 뒷간에다 적어놓을 테지만 여기에서도 순서에 따라 적어보겠습니다.

| 뒷간 사용 원칙과 방법 |

1. 먼저 손 비데로 쓸 호수를 수도꼭지에 연결한다.
2. 모종삽으로 재(왕겨, 톱밥)를 퍼서 쓰레받기에 골고루 편다.
3. 쓰레받기를 부춛돌 사이에 놓고 오줌 바가지와 함께 자기에게 맞게 위치를 조절한다.
4. 일을 본 후 똥담긴 쓰레받기는 일단 똥 통 위에다 엎어 놓는다.
5. 오줌은 오줌통에다 붓는다.
6. 비데로 쓸 호수 수도 꼭지를 틀고 정성껏 뒷물을 한다.
7. 똥통 위에 놓은 쓰레받기 똥을 똥통 뚜껑을 열어 붓는다. 양이 많은 사람은 담은 후에 재를 추가로 덮는다. 쓰레받기는 제자리인 똥 통 위에다 놓는다.
8. 수건을 가져 온 사람은 수건을 써도 좋지만 그냥 축축한 채로 나가서 밭일을 하면 금방 말라 상쾌해진다.
9. 죽어도 손 비데는 사용치 못하겠다는 분은 직접 휴지를 가져와 쓰고서는 쓰레기는 가져간다.

작은 것만 볼 때는 여자인 경우는 앉아서 오줌 바가지에 보시고 오줌통에 부으면 되고요, 남자는 옆의 큰 통에다 따로 보시면 됩니다.

열심히 건강한 똥오줌을 누시고 발효가 잘되는 좋은 거름을 만들도록 합시다.

| 생태 뒷간 만들기 |

남자소변통

똥통

왕겨통

똥 받는 쓰레받기

왕겨

오줌통

밑판에 틈이 있어 물로 밑을 닦으면 밑의 도랑으로 다 흘러 나간다.

부춛돌

뒷물할 분사기와 호스

수수깡으로 벽을 만들었다.

발로 문짝을 만들어 안에서 밖의 전경이 다 보인다.

시 금 치 ___

옛말에 남의 집에 가서는 볼 일 안 본다는 말이 있다고 옆 사람에게
자주 듣긴 했지만요. 이걸 지금 세상에 현실로 만들다니. 대단하십
니다. 글을 읽다보니 대학 때 농활 가서 본 화장실이 생각나더군요.
화천 산골짜기 농가였습니다. 화장실에 긴 줄을 서서 기다리는데
나오면서 다들 말없이 얼굴만 벌개져서 가버리는 겁니다. 들어가
보니, 왕겨가 두껍게 깔리고, 여기저기 가려진 똥이 조금씩 보이고,
돌덩이가 몇 개 있더라구요. 돌을 살살 움직여서 아무데나 볼 일 보
고, 왕겨로 덮고 나오는 것이었는데, 전혀 사전 정보가 없이 들어간
저는 너무도 황당해서 한참 후에나 그 원리를 이해하고 볼 일을 보
고 나왔습니다.

재래식 화장실은 친척집에서도 써 봤지만, 그런 형식은 난생 처음
이었으니까요. 구덩이도 없어서 어떻게 해야 할 지… 지금 다시 하
래도 자신 없는데. 그땐 괴롭다는 생각보다는 신기하고 놀라운 생
활방식에 어리둥절했지요.

모내기하는 논에도 그 똥들이 둥둥 떠다니는 것 같고… 그 농가에
서 투모라는 것도 알게 되었어요. (투모는 벼 모종을 논에다 휙휙
던지는 방식을 말합니다. 조그만 컵 같은 데에다 벼 모종을 키운 것
을 떼어 낼 때 뿌리에 그대로 흙이 달라붙어 있어 무게 때문에 던지
면 스스로 일어서게끔 되어 있습니다.)

뒷간에 대한 감회를 새롭게 한 소식이었습니다

5

가을농사 ————

7월 18일 가을 김장 농사 준비

이제 장마철도 막바지인 것 같습니다.

내일이면 끝난다고 하네요.

8월초 입추가 되면 가을 김장 농사를 시작해야 합니다.

본격적인 여름인데 벌써 가을 농사인가 하겠지만 꼭 그럴 때 다음 계절이 시작된답니다.

입추만 여름에 있는 게 아니거든요. 입춘은 겨울에, 입하는 봄에, 입동은 가을에 있지요.

그 계절의 막바지나 절정기에 다음 계절의 기운이 속에서 일어서는 거지요. 밭에 오셔서 풀과 곡식들 정리 좀 하십시오. 수확할 것은 하시고, 솎을 것도 솎고, 풀도 매주고…. 가을 농사를 위해서 과감하게 면적을 충분히 확보해 두십시오. 배추, 무, 알타리와 쪽파를 심어야 하니 봄여름 농사 면적보다 넓으면 넓었지 결코 작게 들지는 않을 겁니다.

두둑을 잘 일군 다음 거름을 충분히 주고 풀을 깔아 두십시오. 되도록 두껍게요.

거름은 철조망 옆에 쌓여 있는 것을 쓰시면 되고요. 분량은 다섯 평에 양동이 한가득 하나를 뿌려주면 될 겁니다.

배추 파종, 그리고 고양이, 강아지, 말벌의 삶과 죽음

배추 씨앗 넣는 날, 하우스 고추 건조기 장롱에 고양이가 새끼를 낳았습니다. 아마 전날이나 그 날 낳은 것 같더군요.

하우스에 들쥐가 많아져 걱정이던 차에 이씨 아저씨가 고양이 밥을 주면 제집처럼 들락거려 쥐새끼들이 없어진다고 한 적이 있었습니다. 아저씨가 몇 번 밥을 준 뒤부터 그 고양이 놈이 밭에서 자주 눈에 띄더라구요.

그러더니 새끼를 낳았는데, 하필 고추 건조기라니… 곧 있으면 고추를 따서 말려야 하는데, 좀 난처하더군요. 아저씨께 물어보았더니 고양이는 영물이라 해코지를 하면 꼭 복수를 하니 잘 해주어야 한다나요.

복수를 하든 말든, 쥐를 없애준 것도 고마울 뿐만이 아니라 어쨌든 우리 밭에 온 손님이니 갈 때까지 잘 해주어야지 생각하고는, 저희 집 개한테 주려고 했던 잉어도 갖다 주고, 멸치 대가리들도 갖다 주고 했더니 이 놈이 저를 알아보는 것 같습니다. 문짝을 열어보아도 이제는 느긋하니 새끼들 젖 먹이는 데 여념이 없지 뭡니까?

배추 씨도 넣었겠다, 아기 고양이도 보았겠다 룰루랄라 기분 좋아라 했는데, 그 다음날 밤에 강아지 두 마리를 치어 받는 사건이 일어났습니다. 오랫동안 외국 나갈 친척 배웅을 하고 돌아오는 길에 고속도로가 하도 막혀 국도로 빠졌는데, 중앙 분리대 밑에서 강아지 두 마리가 별안간 튀어나와 브레이크 밟을 틈도 없이 그냥 밟고 지나가고 말았습니다. 두 놈 다 밟았는지, 한 놈만 밟았는지 모르겠습니다. 새 생명을 본지 얼마나 되었다고 두 생명을 보내다니 어처구니가 없었지요.

그리고 우리 농장 원두막에 진을 치고 있는 말벌 집이 계속 맘에 걸렸는데 119에서 퇴치를 해준다기에 연락을 했습니다. 오늘 와서 퇴치를 해주었지요.

"아저씨, 벌집 저에게 줄 수 없나요. 아이들에게 자연 학습 교재로 쓰고 싶어서요."

"저거 우리도 깊은 산 속에다 놓아줍니다. 저놈들도 생명이잖아요. 안에 애벌레도 많고 살아있는 멀쩡한 벌도 많아 비닐에 싸 놓았어도 위험합니다."

불 끌 때 입는 방열복으로 우주인 차림을 한 그 아저씨는 벌집을 떼어내다 손에 한 방 쏘이고 말았습니다. 가죽 장갑을 꼈는데도 그걸 뚫은 겁니다. 다시 방열 장갑에다 정식 중무장을 하고서도 한참을 작업했습니다. 아마 30분은 족히 걸렸을 겁니다. 그리고는 아주 기분 좋은 얼굴을 하고는 유유히 가버렸습니다.

배추 심은 날 이후는 그렇게 구구절절 삶과 죽음이 엇갈리는 일들을 겪었습니다.

아참, 심은 배추 씨앗이 전부 싹을 틔웠습니다. 아주 예쁘죠. 토요일에 보러들 오십시오.

제가 없을지도 모르는데요, 물은 주지 마십시오.

물은 주는 사람만 주어야 합니다. 이사람 저사람 주게 되면 결국 썩어 죽거든요.

모자란 배추 모종

이틀을 지방에 가 있느라고 월요일에야 오랜만에 밭에 가니 평소보다도 정신이 없었습니다.

일요일에 사람들이 왔다가면 으레 치우고 정돈할 일이 있어 왔습니다.

회원들도 열심히 정돈하고 치우고 가곤 하지만 꼭 몇 가지는 흘리거나 쓴 물건이 제자리를 찾지 못해 마무리가 잘 안되곤 했지요. 사람 사는 일이 다 그렇지 하고 대충 정돈하곤 했는데, 이 날은 더더욱 산만했습니다.

농기구는 밭에 버려져 있고, 양푼도 밭에서 아무렇게나 굴러다니고, 군데군데 버려진 쓰레기는 바람에 흩날리고, 씨앗들은 땅에 흩어져 흙과 뒤섞여 있고….

보통 월요일이면 청소하고 정돈하느라 반나절을 보내는데, 이날은 하루 종일 허비해야 했지요. 나중에 최대식 님이 오셔서 정돈을 도와주셨습니다.

그런데 이게 문제가 아니었습니다. 글쎄, 배추 모종이 절반도 채 남지 않은 겁니다. 제가 28일(토요일)에 심는다고 했는데, 어떻게 그 많은 배추를, 또 누가 심었는지 이해가 가질 않았습니다.

밭을 뒤져보았더니, 배추 파종할 때 참여하지 않은 분들이 대부분이었습니다. 그러니까 사정을 잘 모르는 분들이었지요. 한 가구당 몇 개인지, 심는 간격은 얼마인지 기본적인 것들이 전혀 지켜지지 않은 채 심어져 있었습니다.

제가 정확히 이런 관계를 말씀드리지 않아 일어난 일이었습니다. 그런데 나눠갈 몫도 초과한데다 대부분 아주 바투 심는 바람에 몇 가구 심지 않았는데 모종이 반도 안 남았습니다. 파종할 때 많은 분이 오셔서 고생한 군포 농장 식구들 몫을 제외하면 그나마도 거의 없다시피 할 겁니다.

정말 그날 파종하느라 고생한 회원들께 죄송했습니다. 또 이 분들은 제가 28일날 심으랬다고 남들 심는 걸 보면서도 심지 않았다고 하니 더 속이 상했습니다. 그러나 그 날 심은 분들을 탓하고자 하는 것은 아닙니다. 정말로.

제대로 일러드리지 않은 제가 잘못이지요.

소 잃고 외양간 고치는 심정으로 다시 말씀드립니다만,

한 가구당 몫은 30포기입니다. 한 컵에 세 개씩 심었으니 10컵이면 되는데, 발아 안 된 걸 감안해서 15컵씩 가져가면 될 겁니다. 심는 간격은 50cm 이상이어야 합니다. 좀 벙벙하단 느낌이 들어야 합니다. 처음엔 작은 모종 크기만 생각해서 좁게들 심는데 나중에 서로 치여 솎아주어야 합니다. 그럼 모종을 많이 버리게 되지요.

그리고 이건 부탁인데요, 아주 바투 심은 분들은 천상 나중에 솎아주어야 합니다. 그걸 미리 솎아서 못 심은 회원들께 나눠줄까 합니다. 혹시 그날 심은 분들 중 이 글을 보시면 답글을 남겨 주셨으면 합니다. 제가 누군지 잘 모르거든요.

그래서 오늘 60일 배추 씨앗을 사왔습니다. 내일 2차 파종을 하려고 합니다. 제가 최대한 모종을 확보해보겠지만(마을 이씨 아저씨도 남는 걸

주신다 했습니다.) 양이 많지 않을 것 같아 더 심어야겠습니다.

그렇게 되면 앞으로 이주일 후에 또 모종을 옮겨 심어야 할 것입니다.

이번엔 저도 꼭 공지를 올리도록 하겠습니다. 그러니 회원분들은 꼭 공지를 보시고 공지 외의 것들에 대해선 저에게 반드시 물어봐 주십시오. 임의로 하다간 남에게 폐를 끼치게 되니까요.

마지막으로 쓰레기 얘기를 자꾸 해서 죄송한데요,

가져온 쓰레기는 꼭 가져가도록 합시다. 특히 먹을 것 싸오실 때 조심하시구요, 어린아이 데리고 올 때도 조심합시다. 아이들이 쓰레기를 함부로 버리거든요. 밭에서 일하고 나선 농기구나 쓴 물건들을 꼭 제자리에 갖다 놓읍시다. 밭에서 일하다 나온 끈이나 비닐이나 막대기 등 농자재 쓰레기도 마구 버리지 마시고 가급적 가져가시든가, 아니면 저에게 의논해서 버리도록 합시다.

강 혜 숙 ___

교장님 무주에 잘 다녀 오셨어요?

제가 염려 했던 일들이 생겼네요. 배추 모종 심은 밭이 보여서 저도 남편한테 졸랐었죠. 우리도 모종하자고…. 새싹이 나오기가 무섭게 벌레들의 흔적이 보이구, 모자라겠다는 생각도 들고 해서….

하지만 남편은 아직 어린 모종을 심으면 안 된다구 하더군요. 그래서 저희는 아직 모종을 심지 않았답니다.

토요일엔 남편이 뒷마무리 많이 하고 왔는데…. 지주대에 푸른 끈이 묶인 채로 버려진 걸 다 풀고 있어서 날도 어두워지는데 뭐 하냐

고 제 눈치 받아가며 치우고, 농기구도 묻어있는 흙을 털어서 제 자
리에 두고 했지요.
그래도 교장님 마음에 안 드는 구석이 보이겠죠.
이제부턴 남편한테 눈치 안 주고 묵묵히 기다리겠습니다.

최 이 해 ___

주로 토요일에만 밭에 가는 버릇이 돼놔서 일요일에 안 간 제 불찰
도 큽니다. 토요일에도 먼저 배추 심는 분들에게 너무 배게 심지 말
고 남들 몫도 생각하라고 일렀더니 '남으면 갖다놓을게요' 하기에
그러려니 했더니만 나중에 가서 보니 너무 많이, 너무 배게 심어 놓
고는 이미 가버렸더라고요.
그 날 온 사람들은 다음 주에 심어야 한다고 일러 다들 따라주었는
데, 그 다음날 온 사람들이 교장 교감 없는 사이에 무조건 심고 갔
군요. 어떡하죠. 제 몫도 없는 것 같군요. 그냥 김치 사 먹지요 뭐…
쩝.

김 현 심 ___

일요일 오후엔 저도 있었는데 하우스 안에 이상하게도 배추모종이
많이 없어졌더군요. 모자랄 것 같은 예감이 들더니만….
이번 주에도 농장엔 일요일에 가야 하는데, 모종이 모자라니 저도
배추를 사먹어야 되겠네요…쩝. 무나 잔뜩 심어서 바꿔 먹을까봐
요!!!

한 미 선 ___

오늘 다시 배추 씨앗 넣었답니다.

군포 농장에서 오신 분이 양파 씨도 넣고 약속된 모종도 가져가셨지요.

동생이랑 이씨 아저씨랑 안철환 님이랑 같이 더 맛있다는 60일 배추 많이 심어 두었습니다.

주말에 오시면 예쁜 싹이 나있을 겁니다. 너무 걱정하지 마시고 맛있게 키우실 생각하세요.

전 이번 주에 농장에 못갑니다. 내일부터 제주도에 생태 안내자 워크샵이란 걸 간답니다.

일요일에나 돌아오지요.

이번 주말에도 파이팅하세요

병 주 네 ___

배추를 심고 나서 종이컵을 어찌하나 고민하다 쓰레기가 쌓여있는 곳에 버리고 왔습니다.

썩지도 않는 것이고 그곳에 두면 교장님이 치워야 하는 것인데도 제가 큰 실수를 했네요.

씨앗 넣을 때 함께 하지도 못하고 배추만 일찍 심었습니다. 많이 심지는 않았는데 조금 촘촘히 심은 것 같네요. 토요일에 가서 못 심은 분들께 드릴게요. 텃밭을 통해서 함께하는 삶을 배우는 것 같습니다.

단호박씨 어떻게 받나요?

전, 주말 농장 하고부터 씨앗이 중요하다는 걸 많이 느꼈답니다.

옥수수도, 감자도, 고구마도, 호박도 먹다보면 특별나게 맛있고 색깔이 예쁘면, 이걸 밭에 심고 싶다는 생각을 자주 하는데 오늘도 맘에 드는 단호박을 만났답니다.

색깔이 얼마나 예쁜지, 겉은 짙푸른 녹색을 띠고 속은 은행잎처럼 샛노란 빛깔로 절 유혹하더군요. 씨앗으로 보관하려고, 그래서 호박씨를 받아 놓을까 하고 생각을 했는데 어떻게 해야 하는지 몰라서….

미끌거리는 호박씨를 씻어야 하는지요?

내년 봄까지 보관은 어떻게 해야 하는지 알고 싶습니당.

_____ **강 혜 숙**

김 철 언 _____

저도 이제 겨우 3년차라 정확한지는 모르겠는데요… 올해 제 경험으로 말씀드릴게요.

재작년에 강화에 놀러갔다가 단호박을 사서 집에서 요리를 해 먹었는데요. 호박 속을 긁어내면 씨와 주변 섬유질들이 함께 있지요. 저는 대충 손으로 신문지 위에 펼쳐 놓고 2~3일 말린 뒤에 씨만 따로 모아 두었습니다.

말린 뒤에도 씨에 묻어 오는 것들이 있는데 그냥 함께 신문지에 둘

둘 말아 두었습니다. 씨앗 중에도 통통하고 큰 것들을 주로 모아 두었지요. 그 씨앗을 작년에도 심고, 올해도 심었는데 아주 잘 자라고 있습니다.

글쎄… 물로 씻어 두는 것은 해보지는 않았지만 주변 동료들(?)과 함께 두는 것이 좋지 않을까 합니다.

빗 속을 가르고
농장에 갔습니다

9월 11일

일주일동안 배추가 얼마나 보고 싶던지… 장대비를 가르고 농장행 했습니다.

오호! 배추가, 쪽파가 얼마나 예쁜지!

가을 농사에 왜 이렇게 맘이 가는 걸까!

시식 시켜 주겠다고 가져간 콩잎 밑반찬은 양미 님에게 건네 주고 님의 가족들과 교장님의 비닐하우스에서 시원한 빗방울의 소나타도 즐기고 양파 새싹도 구경하며 커피향을 즐기고 왔습당.

비닐하우스 안으로 빗물이 많이 들어오는 걸 본 두 남편님이 물길을 터 주고 집으로 왔습당.

_____ **강 혜 숙**

최 대 식 _____

갈까말까 하다가 비 핑계로 결국 포기한 자신이 부끄러워 어제는 저도 빗속에 밭으로 향했습니다. 이틀이나 집에 있으려니까 밭에 심었던 녀석들이 너무 불쌍하더라구요.

가서 60일배추인지, 모종이 있기에 그것도 좀 심고 고구마 줄기도 좀 따주고 했지요. 근데 지난번 다 죽어가는 거 같던 배추가 어제

보니 제법 잘 자라고 있대요. 마치 누가 와서 살려주고 간 것처럼.^^

근데 이씨 아저씨가 심는 거 도와 주신 무는 정말 잘 자라고 있더라구요. 아무래도 아저씨 밭 옆이라 아저씨가 틈틈이 돌봐 주신 게 아닌가 싶기도 하네요.^^

9월 19일 풀과 산초나무

올 봄 산초나무 40그루를 사다 둑에 심었습니다.

10여년 만에 만난 후배가 주말농사 하겠다고 와서는 자기 애들과 함께 열심히 심어주었지요. 산초나무는 특유의 향 때문에 해충을 막아주고 게다가 아주 예쁜 호랑나비까지 부르는 기특한 나무거든요. 유기농에선 주변 환경을 깨끗하고 아름답게 꾸미는 것도 중요하기 때문에 이 팔방미인 산초나무에 대한 애정이 특별했어요.

그리고는 밭일에 정신이 팔려 산초나무가 무성해진 풀에 치이고 있는 것도 모르고 방치해두었습니다. 그 풀들을 보다 못한 회원 한 분이 어느 날인가 낫으로 반 정도를 깨끗하게 매주었거든요.

깨끗해진 둑을 보면서 참 고마워 하다가, '어, 산초나무!!' 했지요.

다행히 반만 매었기에 나머지도 그 분이 매 줄까봐 다음날 얼른 나머지 풀을 맸습니다. 일일이 산초나무를 찾아가면서요. 그랬더니 10여 그루 정도밖에 살아있지 않더라구요.

'풀에 치여 죽었구만' 하고 말았는데, 올 여름 나무 박사 우종영 선생님을 만나 여쭤 봤더니 산초나무는 극양수極陽樹라 그늘을 무척 싫어하고 약하다네요. 괜히 풀 매 준 분을 섭하게 생각했던 내 자신이 소심해 보였습니다. 풀을 매 주지 않은 나의 게으름이 산초나무를 죽인 걸 애먼 사람에게 덮어씌운 꼴이지요.

그런 중에 주변 산에 산초나무가 많다는 걸 알게 되었습니다. 귀한 산초나무를 죽인 후 산초나무가 어떻게 생겼는지 배웠으니, 그 수업료가 결코 아깝지가 않았습니다. 올 가을에 산 속의 산초나무를 캐다가 다시 심어야지 하고는 또 게으름을 피웠지요.

그러다가 어느 날 한미선 님과 박재현 님이 밭에 오셔서 이런 저런 얘기를 하는데 호랑나비가 날아온 겁니다. 저는 솔직히 호랑나비가 어떻게 생겼는지 잘 몰랐는데, 미선 님이 '호랑나비다!' 하기에 그동안 까먹고 있던 산초나무가 생각났지요. 그 얘길 했더니 미선 님이 호랑나비는 탱자나무와 산초나무를 숙주로 한다네요. 역시 풀꽃 선생님이라 달라요.

그래서 주변 산에 산초나무가 많아 호랑나비가 생겼는가 봅니다 하고 제가 말했더니, 박재현 님이 그건 초피나무라고 하지 뭡니까. 둘 다 아주 비슷한데, 향이 산초가 훨씬 진하다는 거예요.

그 얘기에 아, 내 계획이 산산이 부서지는구나 싶더니, 다시 둑의 풀 속에 묻혀 있을 산초나무들이 떠오른 겁니다.

그리고 또 며칠을 미루다 그제서야 열심히 둑의 풀들을 맸지요. 6.25때 잃어버린 자식 찾는 심정으로 산초나무를 찾아가면서… 그렇게 풀을 매고 있는데 어디선가 산초 향이 날아와 꽂히더군요. 산초 향도 진하기는 하지만 제 코가 거의 개 수준이거든요.

겨우 풀 속에서 질긴 목숨을 연명하고 있는 산초를 만나니 얼마나 반갑습니까! 아마 그 놈이 나를 더 반가워했을지 모르죠. 속으로는 욕하면서….

3분의 1 쯤 맸는데 겨우 한 그루 찾았으니 아마 살아남은 놈이 잘 해야 세 그루 정도 되겠구나 했는데, 갈수록 개수가 많아져 여섯 그루를 찾았습니다. 생각해보니 저번에 그나마 한번 풀을 매준 자리에서 생존한 놈이 더 많더라구요. 역시 풀을 매주는 게 거름 더 주는 것보다 중요하다는 말을 실감했습니다.

얼마나 기분이 좋았는지 모릅니다. 게다가 그 향이 끝내주지 않습니까? 산의 초피나무와 향을 비교해봤는데, 냄새는 같지만 역시 강도가 달랐습니다.

그래서 결심했습니다. 내년에 꼭 산초나무를 더 사다 심으리라. 그 때는 꼭 열심히 풀을 매서 산초향이 주말농장을 물들이게 하리라!!

토란국 요리법 공개합니다

9월 26일

어제 끓인 토란국이 넘 맛있다고 감탄을 연발해서 요리법을 공개하려구요.

지방마다 다르겠지만 전 이렇게 해요.

토란 껍질을 깨끗하게 벗겨서

토란의 아린 맛을 없애기 위해 끓는 쌀뜨물에 시금치 데치듯 잠깐 넣어 슬쩍 익혀내고,

다시 끓는 쌀뜨물에 맨 먼저 토란을 넣고 끓이다가

어느 정도 익었을 무렵에 깍두기처럼 썬 무와 국거리용 쇠고기를 넣고 끓인 다음에

두부와 들깨가루, 대파 송송 썰어 넣으면 끝~~!

그런데 어제 가마솥 토란국은 절 까무라치게 하더군요.

어디서 왔는지, 뭣 때문에 생겼는지도 모를 보랏빛 색깔 토란국이었거든요. 토란국을 싫어하는 님도 있었지만 대부분 좋아해서 즐거웠는데 특히 교감님이 감탄을 연발하셨고 모두들 맛나게 드시고 즐거워하는 모습에 저도 행복했답니다.

흙에서 바로 캔, 그 살아있는 맛을 볼 수 있는 건 아무에게나 오는 행운이 아니겠죠.

울 교장님은 무슨 상념으로 여름도 다 갔는데 와이키키해변을 연상케 하는 파라솔 분위기를 연출하셨는지… 아직도 궁금하네요.

"와이키키 해변에서 토란국을 먹다."

교장님, 기분 따봉이였습당!

토란을 첫 수확해서 맛보게 해 주신 님께 감사하구요.

조선정 님은 늦게 오셨지만 설거지, 야무진 끝마무리 수고하셨구요.

모두들 감사합니당. 행복한 날 되세욤. ^^*

_____ **강 혜 숙**

조 선 정 ___

메리 추석!!!!

다들 즐거운 추석 보내고 계시지요? 즐거운 추석입니다.

여러 님들이 준비해 주시고 강혜숙 님이 만들어 주신 토란국은 잊
을 수 없는 감동의 물결~~이었습니다. 토란국 먹는 날인 줄 알았
더라면 좀 더 일찍 왔을텐데. 그 날 따라 일이 생겨 넘 늦게 와서 다
들 정성껏 준비하신 토란국을 먹기만 했습니다. 정말 죄송 죄송입
니다.^^*

담번에 불러 주시면 일찍 와서 성실 노력봉사 할 것을 굳게 맹세(?!)
하겠습니다.

토란국 그리고 와인… 정말이지 아~트 였씀다. 감사합니다.

우리 가족에게 농장은 정말이지 큰 행복입니다. 전 지금 보름달보
며 무슨 소원을 빌까 고민 중입니다. 즐겁고 행복한 추석 되세요.

메리 추석!!!!!

무, 배추 북주고 김매기

된서리가 내릴 상강(10월 23일)까지 이제 보름쯤 남았습니다.

가을 작물들이 마지막으로 성장할 기회입니다. 몇 군데는 거름기가 모자라 웃거름을 주어야겠습니다.

웃거름으로 오줌 원액을 줄 때는 작물에 닿지 않게 주시고, 물로 다섯 배 희석해 주면 잎에 뿌려도 됩니다. 깻묵 액비는 좀 독하므로 꼭 다섯 배로 희석해 잎에 뿌리든지 포기 사이 고랑에 주도록 합시다.

벌레의 극성도 이젠 한풀 꺾일 때입니다. 벌레가 많은 것은 먹이사슬이 형성되어 있지 않다는 것인데, 이 때는 익충을 불러들이기 위해 꼭 풀을 깝시다. 땅거미는 풀을 깔아주면 풀에 숨어 살기 좋으니 많이 모입니다. 생풀은 많다 싶게 까시고 마른 풀은 적당히 깝시다.

풀은 건조를 막아주고 새벽에 이슬도 많이 맺혀 일석이조의 효과를 볼 수 있습니다.

웃거름과 풀도 좋지만 더욱 필요한 것은 풀매기와 북주기입니다.

풀이 별로 없더라도 호미로 주변 흙을 슥슥 긁어주며 작물에 북을 줍시다. 옛말에 한번 풀매주기(와 북주기)가 다섯 번 웃거름 주는 것과 같다고 했습니다. 겉흙을 호미로 긁어주면 흙 속에서 형성된 모세관을 끊어주어 습기 건조를 막아주는 효과도 있답니다.

위의 작업들을 순서대로 말씀드리면,

1) 솎아주기

2) 풀매기와 북주기

3) 풀깔기

4) 웃거름 주기

| 솎고 웃거름 주기 |

두포기, 세포기 붙은 것 중 제일 잘 자란 놈을 놔두고 제거한다.

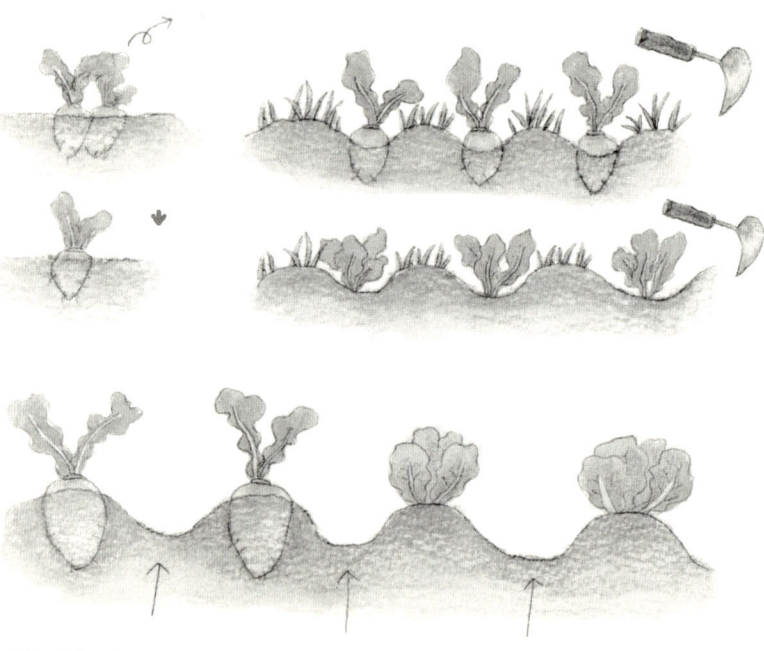

풀을 매며 북을 준 다음 생긴 포기 사이 고랑에다 오줌이나 액비를 뿌려 준다.
원액으로 줄 때는 작물에 닿지 않도록 조심한다.

된서리 내리기 전 수확할 것들

10월2일

여름 작물은 된서리 내릴 상강 이전에 수확해야 합니다.

고구마, 토란, 들깨, 고추, 호박 따위입니다.

물론 옥수수, 가지, 오이 등도 거둬들여야 하지만 이것들이 아직 남아 있지는 않겠지요?

최대식 님은 옥수수를 늦게 심으신 모양인데 더 이상 자라지도 않을 테니 거두는 게 좋겠습니다.

가지나 오이도 남아있지 않을 텐데, 저는 토종 오이를 심었더니 이제 열매가 본격적으로 열리는 것 같습니다.

토종은 뭐든지 늦게 열매가 열리는 특성이 있습니다. 사실 정확히 말하면 개량종들은 사람들이 욕심을 부려 일찍 많이 열리게 만든 것들입니다. 그러니 늦게 열리는 토종이 정상인 거죠.

여름 작물들은 된서리를 맞으면 끓는 물에 데친 듯이 풀이 콱 죽어버립니다. 고구마는 줄기를 거두고 가지들은 열매를 따로 모아 삶아 말려 묵나물을 만들던가, 토란은 줄기를 한 뼘 간격으로 잘라 껍질을 벗겨 말리든가, 들깨는 알곡이 군데군데 거뭇거뭇해지면 미리 낫으로 베어 깔아 말리고, 고추는 마지막 풋고추를 따서 장아찌를 담든가, 조선호박은 이제 막 애호박들이 열리고 있지만 서리를 맞으면 먹지 못하므로 미리 따서 호박꼬지로 말리든가 해서 두고두고 먹을 궁리를 해보세요.

그 밖에 수수나 벼들은 이제 더 깊은 맛으로 영그는 막바지인데요, 상강 전에는 다 익을 것입니다. 이런 알곡들은 늦게 거두면 잃는 게 많고 일찍 거두면 덜 익은 게 생기니 제때에 수확해야겠습니다.

　저는 밭벼를 10월 중순 쯤 수확할 예정인데요, 논벼도 그 때쯤이면 될 것 같습니다. 벼는 서리 피해는 없으나 오래 내버려두면 벼알이 너무 말라 맛이 없거나 깨져 손실이 있습니다.

벽제농장

금요일(15일)에 벽제 농장을 다녀왔습니다.

군포 농장의 정용수 교장님과 사모님과 함께 말이죠.

벽제 농장의 안병덕 교장님과 농사 배우느라 출퇴근 머슴으로 사신다는 진현숙 님, 안익준 님을 뵙고, 벽제 농장의 대표이신 동광원 원장님 할머니(할머니 얘기가 귀농통문 2004년 가을호에 자세히 소개되어 있습니다)를 만나고 왔습니다.

한번도 물이 끊긴 적이 없다는 개울 골짜기를 가운데로 품고 자리한 농장은 정말 고왔습니다. 올해 74세라는 동광원 원장님 할머니의 곱게 늙으신 표정을 닮은 농장이었습니다.

불청객으로 찾아가 얻어먹은 점심밥 맛은 한마디로 개운한 거였습니다. 절제된 양념의 맛이랄까, 가꾸어지지 않은 원재료의 맛이랄까, 투박한 촌 할머니들의 손맛이랄까, 하여튼 어릴 때 먹었던 가난한 맛이 아련하게 떠오르는 그런 거였지요.

6.25 때 남편과 사별하고 이 농장에 들어오셨다는 원장님 할머니는 50년이 넘는 수도생활과 농부생활을 하셨습니다. 단정한 눈빛을 가진 할머니의 얼굴이 가끔 환하게 웃으실 때 슬쩍 지나가는 어린 아이 같은 표정이 왠지 안쓰러웠습니다.

오랫동안 할머니들의 작은 손과 정성이 켜켜이 쌓여 일궈낸 흔적을 농장 곳곳에서 읽을 수 있었습니다. 경사진 비탈에 다락논으로 쓰기 위해 돌을 쌓아 만든 비탈밭들, 언덕을 파 만든 굴 냉장고, 창고와 퇴비간. 모두가 하나같이 역사를 간직한 듯 했습니다.

그 가운데서도 할머니들이 예배를 드리는 기도방이 가장 아름다웠어요. 뭐라 표현하기 힘들어 아름답다 했는데, 무슨 인테리어 잡지에 나오는 아름다운 그런 방은 아니지요. 달리 말하면 소박하고 아늑하다는 표현 뿐인데, 이것도 왠지 구태의연하게 느껴지네요. 여하튼 그 검소한 절제와 투박한 촌스러움이 또한 할머니들을 닮은 듯 했습니다. 그 방에 기어들어 가며 그랬지요. "기도빨 자~알 받겠다."

벽제 농장 회원들의 밭은 잘 정돈되어 있었습니다. 흙도 우리 농장에 비할 바 아니었습니다. 우리 회원들께 미안한 맘이 살짝 일었지요.

교장님 밭도 대단했습니다. 좀 거짓말을 섞어 코끼리 다리만한 무는 아주 감동이었습니다. 화학비료 준 것보다 더 잘 자라면 자랐지 절대 못하지 않았지요. 얼마 전 강혜숙 님이 제 무 사진을 찍어 올린 것이 별안간 떠오르면서 속으로 얼마나 부끄러웠는지요.

구경을 끝내고 평상에서 막걸리 파티를 벌였습니다. 할머니들이 담그신 고추장아찌를 안주 삼아… 크으! 술맛 좋았지요.

그렇게 먹고 있자니 원장님 할머니가 긴 지팡이를 들고서 머리엔 수건을 두르고 터벅터벅 올라오십니다. 술도 안 드실 거면서 우리 둘레를 슬쩍 둘러보고 권하는 의자에 앉지만 그저 있는 듯 없는 듯 합니다.

정용수 교장님은 오래 전 돌아가신 어머님 생각이 나는지, 늙은 어머님 젖 만지는 초보 노인의 주책스러움을 재미있게 얘기해줍니다.

귀농통문에 글을 쓴 백봉영 간사가 단 제목처럼 '오래된 미래'를, 화장터와 공동묘지와 군부대를 품고 있는, 그래서 오래된 미래라기보다 죽음의 미래 같은 그곳에서 진짜 오래된 미래를 만나고 온 기분이었습니다.

　언제 한번 도시농부들이 다 함께 모여 누가 누가 잘 키웠나 곡식 자랑 대회를 벽제에서 열었으면 참 좋겠다는 생각을 하고 왔습니다.

음식물 쓰레기 퇴비공장을 다녀와서

10월 24일

내년에 쓸 퇴비를 얻으려고 토요일에 안산 음식물 퇴비공장에 다녀왔습니다. 공짜라지만 음식물은 아무래도 꺼림칙해 직접 보고서 결정하려고요.

음식물은 염분도 많고 잘게 부서지지 않은데다 비닐과 이쑤시개 물수건 병뚜껑 담배꽁초 따위의 이물질이 많이 섞여있지요.

이 문제만 해결되면 사실 음식물 퇴비는 가축 분뇨 퇴비보다 더 깨끗합니다. 항생제와 각종 호르몬제로 오염된 축분이 좋을 리 없으니까요.

그런데 막상 현장에 가봤더니 짐작하고는 많이 달랐습니다. 의외로 냄새도 덜 했고, 하얀 곰팡이가 잘 슨 것이 상태가 좋았습니다.

현장에서 일하시는 분께 여쭈었더니, 분쇄기로 잘게 부수고 미생물을 넣어 발효되는 과정에서 염분도 분해되고 병원균도 살균된다고 합니다. 다만 약간의 이물질이 들어가 있으니 골라내는 수고는 해야 할 것이라 했습니다.

언뜻 보기에 이물질이 있기는 한데 생각보다는 많아 보이지 않았습니다. 옆의 화단에서는 이 퇴비로 키우는 배추가 아주 튼실하게 크고 있었습니다.

함께 간 이혜경 님과 나오면서 이런 얘길 나눴습니다.

자기가 먹고 싼 똥오줌과 남은 음식물로만 거름을 만들어야 하는지, 아니면 각종 농약과 쓰레기로 오염된 저것들까지 써 가며 텃밭 농사를 해야 하는지 말이죠.

　아직은 어렵지만 내년쯤엔 거름도 거의 자급하는 수준까지 될 것 같습니다. 지금도 깻묵과 쌀겨 외에는 거의 자급하는 수준인데요, 이것들만 쓰지 않으면 이른바 완전 순환형 농사를 실현할 수 있을 것입니다.

6

겨우살이

두부 만들기 잊지 않으셨죠?

추수감사절을 겸해서 두부 만들기를 하려고 합니다.

12월 5일로 정했는데 좀 늦은 감이 없지 않지요? 죄송합니다.

그동안 수확한 것을 다 드신 분들도 있다고 합니다.

이리저리 바쁜 핑계로 이렇게 되었네요.

추울 때 밭에서 불 때가며 손 호호 불고 하는 것도 좋은 추억거리라 생각합니다. 하우스 안에서 따뜻하게 지낼 수 있게 난로도 다시 설치하고 편하게 자리할 수 있게 만들어 놓을 예정입니다.

수확한 콩 중의 반은 두부 만들기 하기로 한 거 잊지 않으셨죠?

알아서 그냥 편하게 가져오시는데, 전날 물에 불렸다가 믹서로 갈아 오셔야 합니다.

그날이 오면 다시 자세히 설명 올리겠습니다.

최 승 훈 ___

안녕하세요? 오랫만에 글을 올립니다.

세월의 빠름이 새삼스럽게 느껴지는군요. 작년에 안산 주말농장에서 두부를 만들어 맛있게 먹고, 집으로 돌아와서 까먹기 전에 정리해 둔 내용입니다. 작업하시는데 참고해 주시고, 고치거나 덧붙일 부분이 있으면 글을 올려 주시기 바랍니다.

1. 콩을 5시간 정도 물에 불린 후 맷돌로 간다. (곱게 갈면 두부는 많아지지만 대신에 비지가 양이 적고 맛이 별로 없다.)

2. 고운 배로 자루를 만들어 그 속에 갈아 놓은 두부를 넣고, 따뜻한 물과 섞으면서 손으로 주물러 콩국물을 만든다.(자루 속의 나머지 찌꺼기는 비지가 된다.)

3. 콩국물을 가마솥에 넣고 너무 강하지 않은 불로 가열하여 거품이 '콩닥콩닥' 올라올 때까지 끓인다. (나무 주걱으로 콩국물이 솥바닥에 눌어붙지 않도록 천천히 저어준다. 이 때 한방향으로 저을 필요는 없다. 온도가 높아짐에 따라 거품이 잘아진다.)

4. 콩국물이 끓으면 불을 빨리 끄고 간수를 넣는다.(간수를 한꺼번에 많은 양을 넣으면 두부가 너무 단단해지므로 크지 않은 숟가락으로 조금씩 간수를 넣는다.)

5. 콩국물이 엉기기 시작하는데 이걸 그대로 먹는 것이 순두부다.

6. 솥뚜껑을 덮고 충분히 콩국물이 엉기게 한 후, 두부틀 위에 배를 깔고 바가지로 엉긴 콩국물(순두부)을 붓는다. 그 위에 판자를 얹고 돌 혹은 맷돌 등으로 눌러 놓아 모양을 만든다.

| 두부 만들기 |

콩을 저녁에 물에
담가둔다.

맷돌

또는

믹서

따뜻한 물

고운 베나 면주머니에 콩국물을 넣고 손
으로 꾹꾹 눌러 짠다. 짜고 남은 것은 비
지인데, 많이 짜면 비지 맛이 덜하고 적게
짜면 두부 양이 적다.

나무 주걱으로 바닥에 눌어붙지 않게 계속
젓는다. 방울 거품이 볼록볼록 올라올 때까
지 끓인다. 방울이 볼록볼록 끓어올라오면
바로 불을 뺀다. 다 끓은 것은 두유다.

준비해 둔 간수를 작은 숟가락으로 조금
씩 떠서 붓는다. 간수를 한꺼번에 많은
양을 넣으면 두부가 너무 단단해지므로
크지 않은 숟가락으로 조금씩 간수를 넣
는다.
간수는 자루에 담긴 천연소금을 다라에
두세달 받쳐 두면 절로 생긴다.

두부가 엉기기 시작하면 솥뚜껑을
닫아 충분히 더 엉기게 기다린다.

면을 깔고 엉긴 순두부를 붓는다.

판자를 깔고 무거운 돌을
얹어 두부가 굳도록 만든다.

드디어 벼 타작하다  11월 14일

콩하고 깨는 했던가 말았던가 기억도 안 나지만 벼는 남다르군요.

저번 주에 낟알 하나하나 버리기가 아까워서 풀밭인지 벼논인지 모를 구덩이 속에 숨어서 잡초와 300대 1로 싸우고 그 기특한, 그러나 우리 식구들이 망각해버려 더욱 서러울 그놈들의 낟알을 밀레의 이삭줍기라는 명화를 떠올리며 한 알 한 알 따고 주웠죠.

그 명화에 나오는 아줌마의 심정 십분 이해가 가더구만요.

보릿고개 넘긴지 오래 됐지만 그 시절에 이랬겠구나 싶고 좌우간 오만 감회가 다 들며 한나절을 거기 주저앉아 벼알을 세었죠.

그런데 동생 왈, "이 잡냐?"

그렇게 이 잡는데 이씨 아저씨께서 맛난 고구마도 쪄 주시고 볏단 묶는 법도 가르쳐 주시고. 보람찬 하루였습니다.

아직도 망각의 논엔 그런 놈들이 서럽게 서 있습니다.

여름날 물을 못 대줘서 고생시키고 피도 못 뽑아 줘서 고생시키고, 저 혼자 그 고생 다하며 커서 탱탱이 여물었는데 이젠 거둬 줄 이 없어서 더욱 서럽게 보입니다.

그러나 동생과 본인이 여름내 피 뽑았던 논엔 쌀이 그득합니다. 피하고 300대 1일로 싸운 논이죠.

오늘 그 탈곡을 했답니다. 이씨 아저씨 오셔서 도와 주시고, 최대식 님 얼떨결에 무지 도와 주시고, 모두들 흐뭇하게 보시더군요.

왜 아니겠습니까? 여적까지 주말농장에서 지었던 그 어떤 농사보다 배부른 농사이던 걸요. 잘 여문 쌀알을 보니 이게 농사구나 하는 실감이 났습니다.

다른 작물 수확할 때하곤 느낌이 달라요. 이게 농부의 흐뭇한 맘이구나 싶어서요. 양은 그리 많지 않지만 엄청 부자가 된 느낌입니다.

아직 말리고 도정할 일이 남아있습니다. 그 후엔 햅쌀로 밥 한 그릇 준비할 테니 맛있는 김치 준비해 주세요.

_____ **한 미 선**

강 혜 숙 _____

모내기 하던 날이 생각나네요.

거머리 무서버 해 보지도 못하고 민망스러워 사진도 숨어서 찍고.

울 짝꿍 너무 열심히 해서 다음날 몸살나 일어나지도 못하구….

풍년을 기원했는데 님만 수확을 거두고 다른 님들은 쌀 한 톨 구경도 못하니 어이없이 허무한 생각뿐. 교감님, 울 짝꿍 큰소리치고서 창피하실 텐데 어쩌나….

님이라도 쌀수확 소식 들려주니 얼마나 다행이에요…. 햅쌀 밥맛도 보여 준다니 그날 공동 논벼하신 분들 어떤 방패막으로 설득할지 사뭇 궁금하답니다. 밥알이 목에 걸려서 안 넘어 갈텐데. 히~

두 자매부부님 수고 많이 하셨어요. 첫 논농사 수확한 것도 축하해야죠.

최 이 해 ___

창피해도 뾰족 수 있나요 뭐. 쩝.

벼농사 여든 여덟 가지 일 중에서 가장 중요한 것은 써레질, 곧 논 바닥 수평잡고 물 대는 일이라는 것 하나 안 것으로 그만입니다. 모 얻으러 저기 먼 괴산까지 갔다 온 교장님 성의를 봐서라도 열심히 했어야 했는데 그만…. 그나마 시화호 팀 덕분에 벼 나락 쌀 구경하고 짚도 만져보았으니 고맙고 또 감사합니다.

내년에 벼농사 하자고 하면 젤 먼저 안 하겠다고 뒤로 빠질 겁니다. 후후….

최 대 식 ___

어제 수확하는 거 보니까 힘은 많이 들어도 부럽더라구요. 그 수확의 기쁨은 땀 흘린 사람만이 알겠죠? 저도 내년에 한번 멋모르고 해 볼 겁니다.^^

11월 15일 콩

지난 토요일에 밭에 가니 날씨가 추워서인지 별로 많이 오시지 않으셨더라구요. 겨울바람이 횡하게 부는 밭에서 물을 만지니 손이 시려울 정도였습니다.

교장님도 일이 있으신지 안 오시고(괴산에 가셨다고 들었습니다), 교감님과 그 외 몇 분만이 전부였습니다.

마늘 심은 밭에 피복이 덜 되어, 교감님이 가르쳐 주신대로 논에 남아 있는 피를 베어다가 더 덮어 주었습니다. 마른풀 구하지 못하신 분들, 논에 내려가면 서있는 것들이 전부 피입니다. 굉장히 많으니 마음껏 낫으로 베어가시기 바랍니다. (저도 교감님께서 가르쳐 주지 않으셨으면 몰랐습니다.)

저번 주에 무연고 콩밭의 정리를 시작한 죄(?)로 오두막에 갈무리 해둔 콩을 털기 시작했습니다. 비 안 맞게 오두막에 둔 덕택에 잘 말라서 잘 털렸지만, 무척 오래 걸리더군요. (서정호 님 부부께서도 안 오셔서 혼자 털었드랬습니다.)

결국 끝을 못 내고, 혹시 쥐가 먹을까봐 잘 덮어서 돌로 눌러놓았습니다. 혜숙 언니께서 올리신 글을 보니 일요일에 콩 털러 가신다고 되어 있는데, 제가 못 끝낸 일 마무리해 주신다면 너무 감사하겠습니닷.^^*

메주콩의 용도는 메주, 두유, 두부 등등 입니다. 그 외에도 다른 사람들에게 들은 사용법으로는 다음과 같은 것이 있습니다.

(1) 콩볶음

메주콩을 잘 씻어서 물기를 뺀 다음 프라이팬에 그냥 볶습니다.(기름 같은 것 두를 필요 없이 그냥 맨 프라이팬에 볶는 것입니다.) 볶을 때 콩이 튀기도 한다는데, 저는 해보니까 튀지는 않더라구요. 땅콩처럼 고소한 게, 좋은 간식이 됩니다.

(2) 콩알약

제가 아는 어떤 분은 아침 식사 후에 메주콩을 약처럼 매일 12알씩 드신답니다. 약처럼 물을 먹고 12알을 꿀꺽. 효능은요, 메주콩이 몸속에서 잘 불어서 쾌변으로 나온답니다. 변비있으신 님들, 한번 시도해 보세요.

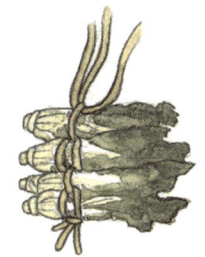

어제 일요일(11/14)에는 용인 수녀원에 갔더랬습니다. 가보니 무김장하는 날이더라요(무김치는 전초전에 불과하고 배추김치는 다음 주). 갑자기 날씨가 추워져서 예정에 없이 서둘러 무를 뽑았다고 합니다. 이미 다 절여진 알타리 무와 무청김치용 무를 수녀님들과 그 외 봉사 나오신 분들이 잘 씻어서 김치를 담갔습니다.

저는 무청을 매달아 말릴 수 있게 엮는 법을 배워서 오후엔 무청도 엮었습니다. 김장이 끝난 뒤에 무청김치를 선물로 받아왔습니다. 잘 익으면 두부잔치할 때 조금 가져가겠습니다.

| 무청 시래기 엮기 |

세 줄을 갖고서 두줄과 한줄이 번갈아 가도록 엮는다. 두줄로만 엮으면 다시 풀어진다.
다 묶고나면 남은 것은 여자아이 머리 땋듯이 묶고 고리를 만들어 못에 건다.

_____ 이 선 신

11월 17일 배추, 무, 알타리 수확은 언제?

배추는 영하 5도, 무는 영하 3도까지 견딘다고 합니다. 그래도 무는 영하로 내려간다는 일기예보를 들으면 거두는 게 좋습니다.

부지런한 분은 그 전에라도 미리 캐어 땅에다 묻지요. 이미 자랄만큼 다 자랐기 때문에 밭에 있어봤자 별 볼일 없거든요. 미리 땅에 묻을 때는 시래기 거리는 따로 다듬어서 응달에 걸어 놓고 무만 묻습니다.

알타리는 무보다 더 견딘다고 하지만 지금쯤은 다 자랐지요. 그래서 알타리 김치는 김장보다 먼저 담급니다.

저 같은 경우는 끝까지 기다리다 뽑는 걸 놓친 채 추운 날씨가 닥치면 밤에 밭에 가서 부직포로 덮곤 했지요.

배추도 너무 추울 것 같으면 땅에다 묻기도 하는데요, 보통은 김장 때 그냥 뽑아서 하지요. 김장 때까지는 그만큼 춥지 않거든요. 배추는 설사 얼었다 해도 물에 녹여 먹을 수 있습니다. 단, 맛이 떨어지긴 합니다.

배추 묶는 것은 일단 보온을 위해서입니다. 물론 그렇게 하면 속이 잘 찬다는 얘기도 있습니다만…. 배추 묶는 일도 여간 힘든 게 아니어서 다음부터는 묶지 말아 볼까 궁리 중입니다.

아주 덜 자란 것들은 뽑지 말고 내버려 두세요. 봄에 봄동으로 먹을 수 있으니까요.

최 이 해 ___

오늘 제 모친께서 그러시는데, 속 덜 차고 볼 품새 없어도 햇볕 제대로 받은 터라 그런 것들 가지고도 얼마든지 김장 할 수 있다고 하시네요. 오히려 더 맛이 있어서 금방 먹어 없애게 된다고요.

꼭 결구가 제대로 된 것으로 김장하고 싶은 사람들을 위해 우리 농장 주변에서 쉽게 살 수 있도록 교장님께서 다리 좀 놓아주셔도 좋을 듯하고요.

봄이나 여름 배추 키우기가 좀 어렵나요, 특히 벌레 등쌀에 말이에요. 그러니 가을 김장을 최대한 넉넉히 하는 것이 좋다고들 하더군요. 김치냉장고 따로 있는 사람들 귀담아 들을 필요가 있을 겁니다. 김치찌개를 하더라도 좀 삭은 게 제맛이니까요.

혜숙 님 밭 배추, 무 정도면 우리 농장에서는 상등품 아닌가요? 자신감을 가지세요. 배추밭 갈아엎는 뉴스 사진 보면서 과연 우리네 농사체험은 어떤 의미로 해석되어야 하는가? 자문하는 요즘 아닙니까요!

이 선 신 ___

질문인데요, 배추를 뽑지 않고 그냥 놔두면 봄동이 되는 건가요? 겨울에 영하 10도 이상 내려가도 괜찮은 건지?

그리고, 결구가 안 된 배추로도 겉절이가 아닌 속을 넣은 김장 김치처럼 담는 게 가능한지요? 제가 너무 몰라서… 답변 부탁합니다.

저는 배추는 여름배추 절반 크기밖에 안되었어도, 무는 잘 된 것 같아요.(흐뭇^^*)

강 혜 숙 ___

선신 님, 교감님 엄마께서 볼 품새 없어도 얼마든지 김장할 수 있다고 하시네요. 이원종 교수님도 거친 음식을 예찬하셨거든요.

자생력을 지닌 식품일수록 질병을 예방하고 치료할 수 있는 생리활성물질을 많이 함유하고 있다니까 즐겁게 먹어줘야겠어요.

속찬 배추는 아니어도 김장해서 잘 먹고 잘 살자구요. 히~ 입이 문제야요.

안 철 환 ___

회원들께 미안해서 적극적으로 말을 못했는데요, 결구 안 된 게 오히려 더 맛있다는 분들도 있습니다. 조선배추는 원래 결구가 되지 않거든요. 퍼런 잎사귀 맛을 아는 분들은 조선배추를 찾곤 하지요.

배추 중에 덜 자란 것들은 그냥 놔두면 봄동이 됩니다. 다 자란 것도 되는데 다 자란 것을 일부러 얼릴 필요는 없지요. 덜 자란 것은 뽑아 먹기도 그렇고 버리기도 아까운 것들이라 놔뒀다가 봄동으로 먹으면 좋지요. 웃거름을 주고 마른 풀을 덮어주면 더욱 좋습니다. 봄동으로 먹어도 좋지만 나중에 꽃이 피면 유채꽃은 내일 모레 오라고 할 정도지요.

제 밭에 봄동으로 먹을 것 고추밭에 심어놓았는데 오셔서 한번 보세요.

| 배추묶기 |

꽉 묶지 말고 누렇게 뜬 잎사귀도 다 모아서 묶는다. 끈은 볏짚이 가장 좋지만 없으면 부드러운 끈으로 묶는다.

폭풍이 쓸고 간 자국들

어제 폭풍이 불었습니다.

'바람들이 밭' 답게 무섭게 몰아쳐갔습니다.

태풍은 산 위로 불어 소리만 무섭지 별 위력이 없는데, 골바람은 상상을 초월합니다.

처음 밭에 왔을 때 그런 골바람이 불었지요. 비닐하우스 비닐을 두 번이나 새로 덮어야 했을 정도였습니다.

어제 갔더니, 뒷간과 연장, 목초액 드럼통 있는 부뚜막이 무너져 있었습니다. 비닐하우스 문도 쓰러져 있었지요. 한숨 돌릴 틈도 없이 원두막마저 흔들거리고 있네요. 정신없이 말뚝을 박아 임시로 버팀목을 했는데, 이번엔 원두막 지붕이 날아갈 기세였습니다.

줄로 묶으려니 그 줄이 바람에 쓸려갈 뿐입니다. 손과 발은 시리다 못해 이젠 곱아서 맘대로 움직이질 않네요. 그러고 있는데, 마침 시화호생명지킴이 회장님 바깥 분(장상준 님)한테서 전화가 왔기에 긴급구호를 부탁했지요.

장상준 님이 오셔서 날아갈 지붕을 겨우겨우 붙들어 맸습니다. 거름 덮어 놓은 방수포들도 정리하고, 날아간 액비통 뚜껑도 주워다 돌로 눌러놓고 급한 것만 얼른 해 놓으니 그새 컴컴해 졌네요.

다음주 일요일 두부 만들기가 참 걱정이 되었습니다. 엉망이 된 것만 정리해도 시간이 모자랄 것 같고…. 다행히 오늘 일기예보를 보니 당분간 춥지는 않다는군요.

쓰러진 뒷간과 부뚜막을 다시 세우려면 회원님들의 도움이 필요할 것 같습니다.

다음주 토요일 오후에 도움 좀 부탁합니다.

동치미 담그기

강혜숙 님이 제안하신 동치미 담그기를 토요일(4일)에 하고자 합니다.

저번 주 목, 금요일에는 이씨 아저씨 도움으로 짠지와 총각김치도 담가 놓았습니다.

짠지는 밭에서 회원들과 먹으려고 한 것이고, 총각김치는 저희 집에서 먹으려고 했는데, 꽤 양이 많네요. 밭에서 막걸리 안주로 충분하겠습니다.

그렇게 하고도 무가 남아서, 동치미를 담그려 합니다. 내년 2월 고추 파종할 때 모두 모여 입춘대길 겸 새 농사 축원식에 곁들여 막걸리 파티 할 때 꺼내 먹으면 어떨까 합니다.

제가 무와 파를 제공할 수 있는데, 그 밖에 필요한 것들을 준비해 주시면 어떨까요? 그런데 동치미에는 뭐 뭐가 들어가나요?

동치미도 두부 만들기 때 함께 하려고 했는데, 밭이 엉망이라 이것저것 할 일이 많아 토요일(4일)에 했으면 합니다.

일요일엔 두부 만들기와 원두막 지붕 이엉 엮기를 하기로 해 시간이 팍팍할 것 같네요.

서 정 호 ___

교장님, '귀농인의 날' 행사장으로 아직 출발하지 않으셨나요.

실시간으로 교장님 글이 올려지고 있어 덧글 달아봅니다.

동치미 담을 항아리가 제일 중요할 것 같구요.(항아리는 있는지요?)

그 다음 맛 내는 것은 강혜숙 님께서 회원님들께 하나씩 부담 시키세요.

그래야 회원님들 적극 참여하지요.

강혜숙 님 부탁해요~!

강 혜 숙 ___

(강혜숙 님은 서정호 님의 부인입니다.)

교장님 걱정 마십시오.

우리 남편 다음 토요일에 출근 안 하니까 시간 많습니다.

도와 드릴 수 있을 겁니다.

동치미는 제가 또 잘 한답니다. 히~

두부 만들기

12월 5일 11시에 모이기로 했습니다.

두부 만들기는 귀농통문에 한시를 연재하고 계신 김태완 선생님께서 가르쳐 주시기로 했지요. 작년에도 선생님이 가르쳐 주셨는데 올해도 해 주시기로 했습니다. 우리 밭에도 자주 오셔서 일도 도와 주시고 농사도 잘 짓는 분입니다. (사실 이날 시골 어머님께 가서 같이 김장 담그기로 되어 있어 오시지 못할 것 같았는데 힘든 걸음을 하셨습니다. 혹시 아시는 분이 있을지 모르겠는데요. 「책문(策問)」이라는 책을 쓰신 저자입니다.)

점심은 최성균 교감님이 국수를 50인분 준비해오기로 했답니다. 육수와 함께 말이죠. 그러니까 김치만 준비해 오면 될 겁니다.

한미선 님, 미영 님 자매가 떡을 준비해 오기로 했습니다. 올해 농사지은 걸로, 직접 떡을 만들어 오신답니다.

군포 농장의 교장님과 사모님께서 두부 짤 면주머니를 몇 개 준비해 오신다 해서 아주 고마웠습니다. 사실 제가 준비해야 하는데 어디서 면을 사야 할 지 집사람이나 저나 잘 몰라 고민했지요.

토요일 동치미 담그면서 다음날 두부 만들기 할 때 필요한 준비들을 좀 할 겁니다. 시간 나면 들르시기 바랍니다. 이날 벽제 농장에서 교장님과 몇 분이 방문하시기로 했습니다. 일요일은 시간이 없는 관계로….

일요일날 꼭 챙겨 오셔야 할 것은 고무장갑과 각자 먹을 김치입니다.

마지막으로, 빼 먹은 것이 있습니다.

누구 혹시 양념장 준비 가능한 분 없습니까?

안 병 덕 ___

(벽제 농장 교장님)

토요일에 할 일이 많다고 해서 도움이 되고자 일꾼들과 가려 했는데 일을 거의 다 마쳤나 보군요. 많은 분들이 마음을 모으고 힘을 모으니 안산 농장이 더욱 빛나 보입니다.

그러면 저희 벽제 팀들은 토요일에 가지 않고 일요일 행사에 참석토록 하겠습니다. 백봉영 님, 안익준 님 등 다들 일요일 참가를 반기네요. 일요일에 뵙도록 하겠습니다.

강 혜 숙 ___

교장님 주인공을 빠뜨리면 어떡해요. 콩이 많이 섭섭하겠네요···. 물에 불린 콩을 가져가야겠죠. 콩은 물에 몇 시간을 담궈야 하는지요? 맷돌 돌리려면 아침밥들 많이 드셔야겠네요.

양념장은 순두부에 넣어 먹는 것이겠죠. 달래향이 나는 양념장 준비하겠습니다.

안 철 환 ___

아참, 참참참! (골을 때리고 있습니다.) 콩을 잊었네요. 콩 불려서 믹서로 갈아 오는 거 꼭 잊지 마시고요. 밤새 불렸다가 아침에 갈아 오시면 됩니다.

콩을 누가 얼만큼 불려올 수 있는지 올려 주시기 바랍니다.

이 선 신 ___

저는 제가 먹을 것 따로 준비해 가겠습니다. 떡볶이도 조금 만들어 가겠습니다. 그리고 두부 만들 때 사용하는 간수가 집에 조금 있는데 이것도 가져가겠습니다.

옛날에 두부 만드는 기계를 샀는데, 두부 만들기는 번거롭고 잘 안되어서 두유만 열심히 만들어 먹고 있습니다. 그래서 기계 살 때 받은 간수가 많이 남아 있습니다.

믹서에 콩도 갈아서 가져가겠지만 양은 그리 많을 것 같지 않습니다. 사람들에게 많이 퍼주고 얼마 남지 않았거든요.(죄송^^*)

강 혜 숙 ___

다 해먹고 쬐끔 남았는데 어쩌죠. 됫박이 없으니까 밥공기로 다섯 공기 정도입니다. 교장님 맷돌은 어떻게 하구요?

안 철 환 ___

맷돌은 당일 날 가져와 쓸 것이긴 한데, 그렇게 속도가 나질 않는다네요. 한 숟갈씩 떠 담다보면 시간이 많이 간답니다. 그냥 맷돌이 이런 것이구나 시늉만 해야죠 뭐.

그러니 전날 밭에 오셔서 공동으로 모아놓은 콩 받아다 더 많이 집에서 갈아 와야 할 것 같네요.

조 선 정 ___

(효림이 엄마)

효림네는 밥공기로 세 공기 정도 가져갈 수 있구요. 저희가 먹을 김

치는 알아서 가져가겠습니다. 콩을 불려서 갈 때 곱게 가나요? 아님
거칠게 가나요?
토요일엔 참석이 어려울 것 같구요. 일요일에 뵙겠습니다.

안 철 환 ___

콩은 되도록 곱게 갈구요, 그리고 또 까먹었는데요, 수저를 꼭 지참
해야 할 것 같네요.
나무젓가락으로 하려고 했는데, 영 그놈의 젓가락이 꼴 보기 싫어
서요.

두부 만들어 먹은 다음날

뒷정리하러 밭에 갔더니, 얼마나 깨끗이 정돈하고 갔는지 할 일이 별로 없었습니다.

설거지는 흔적도 없이 잘 되어 있고, 쓰레기는 눈을 씻고 찾아 봐도 어디로 다들 도망갔는지, 님들 집으로 도망갔는지 없네요.

거기다가 제 아내 먹으라고 찜통에 비지와 떡을 곱게 싸놓고 가셨네요.

컨디션이 안 좋아 늦게나 참석하겠다던 마눌탱이 방콕 하다 때를 놓쳐 결국 오질 못해 미안한 마음으로 떡을 맛있게 먹었답니다.

물건 제자리에 놓는 일만 했습니다. 그리고 비오기 전날 토요일, 서정호 님, 교감님, 최향란 님, 강혜숙 님이 고생해서 동치미를 담갔는데, 비닐이 찢어져서 국물이 다 샜지 뭡니까.

새 비닐 사다 갈면서 내용물을 보았더니 별의별 것이 다 들어갔네요. 무, 쪽파, 삭힌 고추, 면 주머니에 싸인 마늘, 청갓 등인데 거기에다 비싼 배까지 들어가 있었습니다.

해 지나 먹기로 한 동치미 국수를 생각하니 침이 꼴깍 넘어갑니다. 옆 항아리에는 이씨 아저씨가 담가 주신, 짠지와 총각김치가 또 익어가고 있습니다.

내년 입춘 지나 고추 씨 넣을 때 한해 농사 일을 시작하는 잔치를 하면 어떨까요?

동치미 국수와 총각김치와 짠지로 말이죠.

두부 만들기 때 열심히 참석하시고 도와 주신 분들께 감사드립니다.

벽제에서, 군포에서, 귀농본부에서, 안산에서, 신갈에서, 수원에서 오신 님들. 두부 선생님, 이씨 아저씨, 그리고 꼬마 손님들까지 모두모두 감사드립니다.

못 오신 분들께는 아쉬움을 전합니다.

전전날엔 병주네 어머니와 아버님이 귤 한 상자까지 갖다 주셨습니다. 당일 참석하기 힘들 것 같아 일부러 들르셨네요. 수확한 콩까지 잊지 않으셨습니다.

추운 겨울 몸 건강히 보내시구요. 가끔 추운 밭에 찬바람 쐬러 놀러 오셔도 좋습니다.

제가 누차 강조했지만 밭의 춥고 황량한 기운도 느끼시면 한해 농사의 공력을 키우는 데 적지 않은 도움이 될 겁니다.

눈이 쌓이면 애들과 눈싸움 놀이는 어떨까요? 시화호지킴이 팀에선 눈이 쌓이기만을 기다리고 있다네요.

어쨌든, 눈이 쌓이면 바람들이 농장도 강원도 못지않습니다. 한번 와서 보십시오. 거의 뿅~ 갈 겁니다. 그 때는 고속도로도 볼만 하거든요.

안 병 덕 ___

안산 농장에서 즐거운 하루 보냈습니다.

환대해 주셔서 감사하구요. 먹고 마시고 놀기만 하다 왔네요.

많은 분들 참석하시고 준비 많이 해 오시고 추운 날씨에 다들 열심이신 걸 보고 감명 받았네요. 어둠 속에서 뒷마무리까지 잘 하셨다니.

벽제 님들이 범생이란 얘기가 안산에서 흘러 나왔던 것 같았는데 어려운 여건 속에서 열심히 농사지으신 안산 님들을 보니 안산 농장에 범생이가 넘쳐 벽제로 조금 흘러나온 것이었군요.

안산 님들 한 해 고생 많으셨고 특히 안철환 님 애 많이 쓰셨어요.

벌써 내년이 기대되네요. 아자! 아자!! 동치미도 아자!!!

안 철 환 ___

그냥 지나가자니 아쉬워 한 마디 더 끼어듭니다. 너무 맛있게 먹어서 다시 알랑방구 끼려구요.

미선, 미영 님 자매 가족이 처음 논농사 지은 걸로 해오신 떡! 참 맛있었지요? 교감님 국수도 좋았구요. 이선신 님 떡볶이는 또 어땠습니까? 안산의 자랑 막걸리도 훌륭했지요? 약간 달아서 그랬는데, 좀 더 익으면 시금털털해진답니다.

그런데, 벽제에서 가져오신 야콘도 끝내주데요. 고구마도 그렇구요. 안선배님 가져오신 고구마는 다 파셨는지요?

강혜숙 님 양념장 맛도 참 좋습디다. 남은 걸 또 깨끗한 병에다 담아 놓으셨드만요.

마지막으로 제일 힘든 뒷간 복구 일은 여러분이 도와 주셨습니다.

저와 아주 가까운 형님이 오랜만에 밭에 놀러오셨다가 붙잡혀 기본 골격을 완성해 주셨습니다. 왕년에 했던 목수 경험을 살려서 말이죠.

마지막 마무리는 서정호 님이 비오는 토요일에 우비 쓰고 공사를 마쳤습니다. 그런 중에 미선 님 바깥분이 오셨다가 발목 잡혀 비 맞으며 일을 도와주었지요.

또 이것저것 있었는데, 잘 기억이 나지 않습니다. 여하튼 두부 만드느라 고생하신 분들께 다시 한번 알랑방구 쏩니다.

강 혜 숙 ___

겨우 양념장 가지고 박수까지 받았네요.

병주 네가 주신 귤 감사하게 잘 먹었습니다. 올해 마지막 날 못 뵈서 서운하네요.

교장님, 최양미 님도 친환경제주밀감 한 상자 가져왔답니다.

안 익 준 ___

두부랑 순두부랑 떡이랑 떡볶이랑 야콘이랑 귤이랑 막걸리랑 양념장이랑 무지하게 맛있게 먹었습니다. 만드시느라 싸오시느라 고생하신 분들 덕분입니다. 그리고 제가 가지고 간 벽제 동광원 군고구마 맛나게 먹어 주셔서 고마웠구여, 게다가 고구마 사주신 분들 복 받으실 겁니다. 가져간 네 상자 몽땅 팔았습니다.

혹시 더 필요하신 분 계시면 언제든지 말씀만 하시기 바랍니다. 벽제에 오십 상자 더 있답니다. 히히히….

마누라가 춥다고 가자고 재촉만 안했어도 밤까지 놀 수 있었는데 아쉬웠습니다.

(안익준 님은 고구마 팔아 남는 게 하나도 없습니다. 이윤 하나 없이 그냥 팔아드리는 거거든요. 오히려 오며 가며 기름 값, 못 받은 외상 값 치면 손해지요. 그런데도 고구마만 팔리면 기분 좋아라 합니다. ㅋㅋ 우습지요?)

행복한 똥개 가족

12월 21일

밭에 가는 길에 오래된 고택이 하나 있습니다. 청문당이라고.

그 집이 경기도 무형문화재로 지정되어 복원 공사가 시작되면서 살던 사람들이 이사를 갔습니다. 더불어 그 집에 살던 똥개들도 쫓겨났는데요, 주인이 개(비육견)를 키우는 아저씨거든요.

아저씨는 비육견 중에 암놈, 수놈 두 마리를 짝지워서 고택 앞 마당에서 풀어놓고 키웠습니다. 아마 그 중에 제일 잘 생기고 똑똑했었던 모양입니다. 물론 제가 보기에는 참 못생기고 아무렇게나 생긴 개였지요. 옛날 똥개와 도사견을 교배해서 만든 그야말로 덩치 큰 똥개 그 자체지요.

아내가 밭에 갈 때마다 저희 집의 진돗개를 산책 삼아 끌고 가면 꼭 그 똥개 수놈의 텃세를 피하느라 애를 먹곤 했습니다. 그 텃세가 자못 위협적이기까지 하여 언제부턴가 제가 차로 에스코트를 하게 되었습니다. 그러더니 이 놈의 똥개가 제 차만 봤다하면 무섭게 으르렁대며 달려드는 겁니다.

고택에서 조금 못 미쳐 떨어진 밭에 아저씨는 콘테이너 박스 창고를 지어 놓고 거기에다 그 똥개들을 풀어놓았습니다. 아저씨는 비육견 사육을 그만두었다고 하는데 그 똥개들은 그냥 키웠습니다. 사실 키웠다기보다 방치한 것이죠. 살림집을 다른 곳으로 이사하고 창고에는 가끔 들르거든요.

그러다 똥개 부부는 아이를 낳았습니다. 두 마리 같기도 하고 세 마리 같기도 한데, 아무리 똥개지만 그래도 새끼들은 귀엽더라구요. 새끼를 갖고부터 그 수놈 똥개의 위세는 점점 심해졌습니다. 이젠 자신의 2세까지 지켜야 하니 더더욱 경계심이 높아진 거겠지요.

한 날은 밭에 가다가 외출 나온 이 놈 똥개 가족과 마주쳤습니다. 자기들 아지트와 한 2백 미터는 떨어진 곳이니 꽤 먼 거리인 셈입니다. 그런데 제 차를 보더니 암놈은 새끼들과 저 만치 뒤로 물러서는데 수놈은 앞에서 딱 버티고는 으르렁대지 뭡니까. 장난기가 발동해 슬그머니 차를 밀어대니 뒤로 물러서면서도 자기 가족들 지키려는 긴장된 자세는 한 치의 흐트러짐이 없었습니다. 참 대견스런 똥개입니다.

며칠 전 따뜻한 겨울 햇살을 받으며 밭에 가는데 컨테이너 창고 앞에서 한가롭게 모여 놀고 있는 똥개 가족을 보았습니다. 새끼들과 암놈이 서로 씨름을 하는지 레슬링을 하는지 이리 뒹굴고 저리 뒹굴며 신나게 놀고 있었습니다. 그런데 수놈은 한 발짝 물러나서 놀고 있는 자기 처자식들을 바라보며 의젓하게 앉아 있는 거지 뭡니까. 참 똥개답지 않지요?

언젠가 누구한테 된장 발라질지 모르지만 저 순간만큼 행복한 모습이 또 있을까 싶었습니다.

새해 농사를 고추 파종과
쥐불놀이로 시작합니다

2005년
2월14일

안녕들 하셨는지요? 늦었지만 새해 복 많이 받으십시오.

긴긴 겨울 어떻게 보내셨나요? 농사짓고 싶으셔서 안달은 나지 않으셨나요?

드디어 새해 농사를 시작하려 합니다. 벌써 어떤 분은 밭에 나오셔서 새해 농사 준비를 하셨더군요.

2월 20일날 고추 파종을 하려고 합니다. 원래 하려고 했던 2월 19일날은 김석기 님이 결혼을 하는 날이라 그 다음 날 하려고 합니다. 시간 나시는 분들은 결혼식에 참석해도 좋겠네요. 토요일 오후 2시 성균관대 명륜당에서 전통혼례로 합니다.

김석기 님은, 불교귀농학교 간사 일을 맡았고, 안산 바람들이 농장에서 인드라망 농장 일을 맡다 괴산으로 귀농했었지요. 작년에 다시 안산으로 올라와서 신혼 방 차리고 올해부터는 다시 열심히 농사를 지으려 합니다.

예부터 초상집에 다녀오고 나서는 씨앗을 심는 법이 아니라 했답니다. 그런데 그 반대로 결혼식에 참석한 다음이면 '기회는 찬스다' 하고 더 열심히 씨앗을 심을 수 있지 않을까요? 그 고추나 이 고추나 다 같은 고추이니 기가 아마 잘 통하겠지요.

이 날은 고추 파종과 함께 쥐불놀이도 하려고 합니다. 쥐불놀이란 게 별 것 아니고, 둑과 도랑과 고랑과 주변에 널려 있는 잡초들을 한데 모아서 불태우려고 합니다. 소독과 함께 잡초 씨앗들을 제거하기 위함입니다.

옛날엔 그 자리에서 그냥 불을 질렀는데, 이렇게 하면 화재 위험도 있거니와, 그 속에 월동하고 있는 벌레들과 알집 모두 타 죽어버리니 좋은 방법은 아닙니다.

그냥 걷어와서 태워버리는 것만 해도 잡초 씨앗들을 많이 제거할 수 있답니다. 봄에 새로 싹 돋는 잡초들 제거하기도 편리하죠. 더불어 경관도 좋아지지 않겠습니까? 하여튼 주 목적은 잡초 씨앗 제거에 있는데, 이렇게 매년 불태우는 작업을 하면 밭에 나는 잡초가 훨씬 순해진다고 합니다.

점심은 작년 겨울에 담가놓은 동치미로 국수를 말아 먹을까 하는데, 겨우내내 꽁꽁 얼어붙은 계곡물이 풀릴지 걱정입니다. 좀더 두고 보았다가 바로 2, 3일 전에 다시 보고 말씀드리는 것으로 하겠습니다.

모이는 시간은 오전 11시로 하겠습니다.

이날은 벽제 농장과 군포 농장 식구들도 참여할 것입니다.

그럼 그 때 뵙기로 하겠습니다.

이 선 신 ___

교장님, 오랜만입니다. 안녕하셨는지요? 안 그래도 2월 중에 고추 파종 공지를 한다고 하셔서 기다리고 있었습니다.

지난달 중순쯤에 안산밭에 한번 갔었드랬습니다. 모아놓은 음식 쓰레기 등을 버리려고 갔었는데, 수돗물마저도 꽁꽁 얼어붙어버린 밭은 황량함 그 자체였습니다. 정말 겨울 밭에는 아무것도 할 일이 없더군요.

이제 입춘도 지나고 슬슬 기지개를 켤 때가 된 것 같네요. 반가운
얼굴들 만날 일요일 모임 기대가 됩니다.

최 대 식 ___

아, 드디어 새해 농사가 시작되는군요. 정말 기대됩니다. 저는 또
내일부터는 도시농부학교도 다니게 됐네요.^^ 그런데 20일에 외국
나가있던 친구가 와 공항에 마중을 나가게 됐어요.ㅜ_ㅜ
그래도 오후에 꼭 참석하겠습니다.^^

강 혜 숙 ___

오홋~ 봄이 오긴 왔나보네요.
오랜만에 반가운 님이 오셨네요. 올해는 울 밭 바로 옆 이웃 님인
데….
자주 만나길 바래요. 같이 감동하며, 즐겁게 농사지어요.^!~
교장님 이런 기회가 어디 또 있겠어요. 절호의 기회인데 축복주祝
福酒 많이 드시고 다음날까지 술이 안 깬다면 다 같은 고추씨가 아
닐 것 같은데요… 히~
겨우내 드시지 않고 아껴논 동치미로 농장 오픈 날 기다리며 손님
접대 하시려는 울 교장님 맘이 많이 혼란스러울 텐데요. 가마솥에
국수 삶아야 하는데 물이 꽁꽁 얼어서 어쩐다지요. 도우미가 필요
하시면 얘기 하시지요.

최 이 해 ___

점심, 대단히 중요한 문제이지요. 다 먹자고, 그런 다음에 살자고
하는 짓(?)들 아닌가요.

아직 냉기가 채 가시지 않은 한데에서 더운 물 또는 국 정도 준비하고, 밥은 각자가 알아서 제 먹을 것을 준비하고, 국 받아먹을 그릇도 각자 챙겨오는 선이 어떨는지요. 암튼 이것 또한 하나의 개인적인 의견이구요.

바야흐로 새롭게 시작하는 마음으로 올해는 무엇을 어떻게 심을까 궁리하는 일 자체가 설레임이고, 한 해 농사 시작인 것이지요. 꼬끼오^!^

최 향 란 ___

아~~우짠디아~~~~ 하필 그날이당가….

금요일 부터 2박3일간 경기도 양주에 햄, 베이컨 배우러 가는디….

그리운 얼굴들 모두 보고 팠는데….

암튼, 이해해주시리라 믿습니다. 꾸~벅.

기나긴 겨울 건강히들 잘 지내셨는지요. 늦게나마 새해 복 많이 받으세요. 꾸 ~ 벅.

최 양 미 ___

기나긴 겨울 건강히들 잘 지내셨는지요. 늦게나마 새해 복 많이 받으세요. 꾸 ~ 벅.

지난 겨울 아이들과 바람(?) 쐬러 밭에 갔다가 찬바람만 안고 집으로 돌아왔어요. 이제 다시 새로운 마음으로 열심히 농사를 배워볼까 해요. 작년의 실패(?)를 뒤로하고 올해는 성공한 농사가 되도록 열심히 공부를 해야겠어요.

여하튼 그날 가서 뵙겠습니다.

고추 심는 날 도시락 싸오셔야

동치미 국수 점심은 포기해야 겠습니다.

물이 얼어서 그렇고, 참석 인원이 의외로 많아질 것 같아 양을 감당하기 힘들 것 같네요.

천상 도시락들을 싸오셔야 겠는데요, 밭에선 씨래기 된장국을 가마솥에다 끓여 놓겠습니다. 동치미와 총각김치도 있으니 아마 밥만 싸오시면 될 것 같습니다.

그러나 수저와 그릇들이 모자랄 수 있으니 각자 가지고 오시면 좋겠습니다.

막걸리도 준비해 놓겠습니다.

강 혜 숙 ___

꽃샘추위가 대단하네요. 안산에는 지금 눈이 하얗게 쌓이고 있어 욤. 고추 파종하는 시기가 꽃샘추위 때라는 걸 알려 주려는 듯….
봄꽃이 피려는 시기에 눈이 오는 건 아무런 의미가 없는데… 농장 오픈 행사가 있어서 더욱 걱정이네요.
교장님 무청 시래기 국을 끓일 수 있는 물이 나오는지요? 양념 준비해 갈까요? 멸치, 된장, 청양고추, 마늘 등등.

안 철 환 ___

꽃샘 추위는 농사에 좋을 겁니다. 봄인 줄 알고 올라왔던 벌레나 풀
싹들이 또 한번 청소가 되는 거지요. 삼한사온도 그런 의미에서 좋
은 겨울 기후라 할 수 있습니다. 올 겨울처럼 그냥 춥기만 하면 벌
레들이 꼭꼭 숨어 있지만, 춥다 따뜻하면 속아서 올라왔다가 다시
불어 닥친 추위에 큰 코 다치는 거지요.

게다가 삼한사온이면 겨울에 냉이도 있고 광대나물도 있고, 작물로
심은 쪽파나 시금치도 먹을 게 있는데 계속 추우니까 다 얼어버려
올 겨울은 나물도 제대로 먹질 못했네요.

겨울이 따뜻하면 특히 말벌 같은 무서운 벌레들이 극성을 부립니
다. 몇 년 전 그런 적이 있었지요. 말벌들이 주택가에도 침입하고,
산소 벌초 갔다가 벌떼에 당해 사람이 죽는 일도 있었잖아요.

고추도 요즘은 보온장치들이 발달해 일찍들 심지요. 설날이나 입춘
때 바로 심기도 하거든요. 온실하우스에다 바닥에는 전열선을 깔고
상토를 덮고서 고추는 또 물에 불려 촉을 틔운 다음 심지요. 그러면
생육기간이 길어져 더 수확을 할 수 있거든요.

그러나 저는 꽃샘추위도 지나간 다음에 심었습니다. 특별히 보온장
치가 있는 게 아니고, 보통의 비닐하우스에다 바닥에는 볏짚과 쌀
겨를 깔아 그 발효열로 보온을 하니 그렇게 따뜻하지 않지요. 게다
가 물에 불려 촉을 틔우는 것도 하질 않았습니다. 고추 씨가 스스로
의 힘으로 싹을 틔우게 하려고요.

그러니까, 수확량은 적지만 고추가 건강하게 큽니다. 작년엔 드디
어 병 하나 걸리지 않고 고추를 키울 수 있었지요.

내일도 고추를 물에 불리지 않고 심을 겁니다. 추우니까, 심고 나서

도 물을 주지 않을 겁니다. 그런데 왜 일찍 심냐 하면, 모종들이 시장에선 일찍 나오니까(우리 것보다 한 보름 이상 일찍 나오는 것 같더라구요) 회원들이 기다리다 못해 사다 심는 거예요. 그런 것들은 웃자라 병에 잘 걸리거든요. 그러고 나면 왜 병에 걸리냐고 물어보니 제가 할 말이 별로 없었지요.

이번엔 좀 일찍 심어 시장과 시간 차를 줄여 그런 일이 없도록 하려고 한 것입니다.

강혜숙 님은 늘 자상하게 먹을 것이든 뭐든 챙겨 주시니 고맙기가 그지없네요. 물은 어제 뚫어놓았는데요, 흘려 놓았으니 또 얼지는 않을 것 같습니다.

강 혜 숙 ___

교장님의 심오한 지식을 모르고 있었네요.

"울 교장님은 항상 한템포 느리다." 라고 했던 말 취소합니다. 죄송하구만요.

엊저녁에 짝꿍하고 공원 산책길에서 얘기 했었답니다. 작년 고추농사 첨 하던 날 화원에 나와 있는 고추 모종을 보고 우리 농장에 고추모종은 왜 이리 늦을까! 고추 모종이 왜 이리 어릴까! 생각했었는데 그 이유를 이제야 알았다고 짝꿍한테 얘기 했었죠.

고추 파종을 추울 때 하니까 싹이 더디게 올라온 거라고.

고추 파종할 때가 이렇게 추운데 비닐하우스에는 난방도 안 되고 촉도 안 틔웠으니 늦을 수밖에요. 그러나 따뜻한 온실에서 웃자라는 것보다 훨씬 낫다는 생각이 드네요.

귀찮으실텐데도 말씀 아끼지 않으시고 가르쳐 주신 교장님께 감사드립니다.

최 양 미 ___

내일 참석하기 힘들 것 같네요. 첫 농사 시작이라 함께 하고 싶고,
보고픈 분들도 뵙고 싶었는데 저희 아이들이 몸이 좋지 않아 참석
을 못하게 되었습니다.
함께 하지 못해 저희도 아쉽고 죄송하네요….
추운 날 건강 조심하세요… ^*^

우수 지난 다음날
고추 씨 뿌리기

2월21일

기나긴 겨울 터널을 지나 봄의 문턱에 들어서니 첫농사 준비가 고추 씨 뿌리기네요.

마른하늘엔 눈이 내리고 북풍이 몰아치는 꽃샘추위로 많이 힘들었지만 여름날 된장에 찍어 먹을 풋고추를 생각하니 힘이 마구 솟아났습니다. 그런 의미에서 고추 씨 뿌리기 복습을 해 보겠습니다.

열선보온장치가 안되는 비닐하우스에서는 대안으로 30cm 깊이로 흙을 파내고 맨 밑바닥에 볏짚으로 10센티미터 깐 다음 쌀겨를 짚 위에 적당량 뿌리고 물로 충분히 적셔 준다.

쌀겨와 짚이 보유한 고초균 등 미생물의 작용으로 지온을 높이고자 하는 대안 방안이다.

이런 방법으로 하지 않을 경우에는 겨우내 얼었던 차가운 지온과 아직도 남아 있는 꽃샘추위로 고추씨의 발아에 적당한 지표 온도를 유지하기 어렵다.

흙으로 덮어주고 위에 상토를 5센티미터 두께로 덮는다.

상토는 무균, 무씨 상태가 되도록 하여야 한다.

진흙 : 모래 : 숯가루를 2 : 1 : 1로 섞어서 만드는데, 진흙은 산에서 무

씨상태로 채취해야 함으로 낙엽과 부엽토를 걷어내고 10센티미터 정도 속의 진흙을 채취하고, 상토의 배수성을 높이기 위한 위해 항균작용이 뛰어난 숯가루를 혼합해서 상토를 만드는데 이때 질소와 인산성분이 많은 유기질 비료가 있다면 각각 10%씩 넣어서 상토를 만들면 좋을 것 같다.

상토 위에 1.5센티미터 간격으로 나무젓가락으로 줄을 긋고 그 줄을 따라 1cm 간격으로 씨앗을 줄 뿌림으로 파종한 후 씨앗의 약 2~3배 정도 되게 흙으로 덮어 준다.

나무젓가락으로 선을 긋는 설명이 있을 때 울 교감님의 멘트입니다.

"쇠젓가락은 왜 안되냐고 했던가요?" … 히~

추운 날에 더 찬바람이 쏴~~하게 부는 소름끼치는 멘트. 으으윽~~

모판 위에 철사나 대나무를 이용한 지지대를 만들어 비닐로 덮는다.

대형 비닐하우스안에 귀여운 꼬맹이 비닐하우스가 생겼다.

비닐하우스 위에다 이불을 덮어 보온이 되도록 하고 25도 이상이 유지될 수 있도록 관리하며 아침이 되면 걷어 내고 저녁이 되면 덮어주고 매일 고추씨 뿌려 논 곳으로 방문을 해야 한다.

주말농사학교 세 분 교장님의 교육을 듣고 대충 복습을 해 봤습당.

안산농장에 오신님들, 많이 추웠지요?

물이 꽁꽁 얼어서 어떡하나 걱정스러웠는데 교장님께서 이런저런 생각으로 잘 처리를 하셔서 물 가져 오신 분들도 많았고, 님들이 베풀어 주신 덕분으로 무청 시래기국도 끓일 수 있었습니다.

교장님께서 양념까지 다 해 오셨는데, 전 몇 가지만 첨가했을 뿐인데,

회원님들이 굿! 이라고 저에게 찬사를 보내 주셨네요.

어쨌든 울 농장에 가마솥으로 했다는 게 자랑스럽습니다. 잊을 수 없는 가마솥 음식맛입니다.

올해 고추농사 풍년들게 하소서!!!

_____ **강 혜 숙**

서 정 호 _____

올해부터 주말에만 하는 농사지만 나름대로 주말농사일기를 써보려고 합니다. 그런데 아직 충분히 검증도 되지 않은 저의 일기 일부가 유출되고 있습니다. 범인(?) 체포시 현상금 지급을 고려해 보고 있습니다. - 범인 좀 잡아 주세요 일기는 초고 상태로 프린트하여 농사 경험이 많으신 교장님 등 유능하신 분들에게 수정을 부탁한 후 홈페이지에 올리고자 합니다.

강혜숙 님이 올린 글이 전부는 아닙니다만, 수정해야 할 내용에 대해 많은 조언 부탁합니다.

최 이 해 _____

농사에는 자기만의 방식이 있어 보이더군요. 3개 주말농사학교가 합쳐서 고추 씨를 넣던 날, 누군 이렇게 다른 이는 저렇게… 그래서 상토 없이 직파한 곳 한 군데, 상토로 하는 한 군데. 어떤 게 결과가 좋을런지.

씨앗도 돈 주고 산 코팅된 씨앗과 4년 동안 내림해서 받았다는 토종 씨앗을 구별하고….

이런 저런 기록을 누군가가 맡아서 할 필요가 있고, 웹을 통하여 공유하는 것이 좋을 것 같습니다. 그런 점에서 서정호 님의 농사일기 쓰시는 것을 적극 밀어드리고자 합니다.

교감의 쇠젓가락 호미걸이는 교육학 용어로 '발문(發問)'이라고 하는 것인데 '질문'이나 '질의'가 아닌 것으로서, 교육생들의 인식 정도를 높이기 위한 테크니컬 파울인 셈이지요. 쇠젓가락으로 금을 그으면 나무젓가락에 비해 너무 뾰족해서 씨앗 넣기가 나쁘다는 것을 덤으로 알았고, 또한 쇠는 감촉으로 보나 땅의 입장에서나 친환경적이지 않다는 말씀을 드리고 싶군요. 너무 교감식(?)으로 말해버렸군요. 후후 ^!^ 꼬끼오.

안 철 환 ___

30센티미터는 너무 깊고요, 10~15센티미터쯤의 구덩이를 직육면체 마냥 똑바르게 파고 그 깊이로 볏짚을 깝니다. 볏짚은 엄부렁하니까 그 두께로 깔아도 상관은 없습니다.

쌀겨는 볏짚에 1/4 정도의 양을 뿌려주고 그보다 약간 많은 양의 물을 골고루 뿌려줍니다.

쌀겨는 당분이 많고 또 질소 성분이 많아 발효가 잘 됩니다. 볏짚에는 또 메주균이 많아 발효도 잘되지만 그 자체로 보온 재료가 되지요.

상토에 거름을 줄 때는 완벽하게 완숙되어 흙 냄새만 나는 것을 줍니다. 양은 전체 상토에 10% 정도입니다.

원래 모든 씨는 떡잎까지 스스로의 영양분(씨젖)으로 살 수 있습니다. 상토에 들어가는 거름은 일종의 이유식인 셈입니다. 떡잎을 틔운 이후 씨젖의 양분을 다 소모하고 본잎을 낼 때는 스스로의 힘으로 자라야 하므로 이 때 거름이 필요한 것입니다.

그러나 어린 싹은 너무 여리기 때문에 거름이 완숙된 것이 아니면 발효되며 좋지 않은 가스가 발생하여 모종에 피해를 줍니다.

강 혜 숙 ___

유출시킨 까닭을 이제야 아셨나유~

이렇게 가르쳐 주시잖아유~ 빨리 밭 신청이나 하시지여. 선착순이라는데 꾸물대다가 추방당하면 어쩐대유.

최 대 식 ___

역시 두분은 모범 커플농부십니다.ㅎㅎ 저도 꼼꼼히 기록을 하려고 했는데 마음만 있지 잘 실천이 안되네요.--;; 도시농부학교에서는 어차피 의무사항이니까 이 참에 기록하는 습관을 길러봐야겠어요.^^

| 고추 씨 뿌리기 |

먼저 못자리 전체에 나무 젓가락으로
홈을 낸다.

고추 씨를 깨끗한 그릇에 담고 한 개씩
주워서 정성껏 심는다.(조금 인내가 필
요한 작업이다.)

다 심은 다음 씨앗의 2~3배 정도로 흙
을 덮는다. 홈을 낼 때 옆으로 밀린 흙
을 다시 덮어주면 된다.

씨 간격 1.5~2cm

줄 간격 2~3cm

| 새끼 하우스 만들기 |

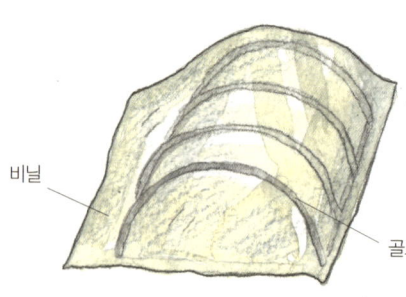

비닐

비닐 하우스 안에다 또 새끼 하우스를 만
든다. 시골에선 터널 씌운다고 한다.

골조-두꺼운 철사나 쪼갠 대나무
나 버려진 보일러 파이프

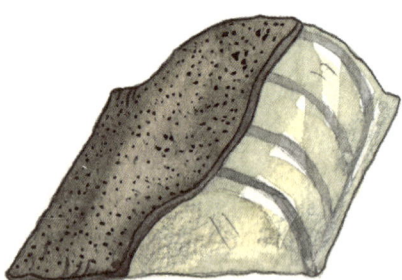

이불이나 부직포-아침에 거둬주고
저녁에 덮어준다.

마늘이…

밭에 갈때마다 마늘이 궁금했답니다.

신문지와 검불로 덮어 논 마늘이 아무 소식이 없어서 포기하고, 다른 작물을 심자 하고 농장을 찾아갔었답니다.

고달프게 병마와 싸우시는 엄마께서 제가 만든 음식을 드시고 싶다고 해서 저희 집으로 모시고 왔는데 밭구경 하고 싶다 하셔서 같이 농장에 들렀습니다. 그런데, 지난번 고추 파종 때도 소식이 없던 마늘이었는데 드뎌 새싹이 올라왔어요! 얼마나 추울까나! 애처로와하면서도 무지 반갑네요. 엄마도 짝꿍도 좋아라 하시고.

울 짝꿍은 얼어 죽었나 생각했다가 신기하고 예뻐 어쩔 줄 몰라하며 내일 또 마늘 새싹 만나러 간대요.

엄동설한 다 이겨내고 새싹을 틔워준 마늘을 만나는 순간 눈물이 핑 돌았네요.

마늘밭에는 아직도 얼음이 얼어있는데, 얼음 속에서도 새 생명이 움트는 울 밭이 자꾸만 생각나 생명의 경외감을 느끼며, 오늘밤에는 잠이 오지 않을 것 같습니다.

_____ **강 혜 숙**

2부 흙 한평 가꾸기

흙 한 평 가꾸기

내 농사 이력이야 아직 보잘것없지만 그래도 내 경험이 도움이 되는 모양인지 귀농운동본부에서 강의를 맡아 할 때가 더러 있습니다. 그럴 때면 나는 귀농 예비생들에게 도시형 귀농을 제안합니다. 도시형 귀농이란 말 그대로 도시에서 직장에 다니면서 농사를 짓는 거지요. 요즘 유행하는 말로 투잡스Two Jobs족이 되는 겁니다. 원래 자기 직업에다가 농사꾼을 겸하는 거니까. 이른바 '도시텃밭 가꾸기', '흙 한 평 가꾸기' 입니다.

사실 귀농학교 졸업생 가운데 시골로 귀농하는 사람은 10~20% 정도밖에 안 됩니다. 대부분이 수료만 하고 그대로 도시에 머물러 있는 것이 현실입니다. 마음은 이 갑갑한 도시를 떠나 자연 속에서 숨쉬며 살고 싶지만 그게 그렇게 간단한가 말입니다. 당장 농사만 지어서는 아이들 공부시키는 건 고사하고 굶어 죽기 딱 알맞지요.

시골은 시골대로 망하고 도시는 도시대로 점점 삭막해져 사람 살 곳이 못 된다고들 합니다. 나는 시골에는 농사꾼만 살고, 도시에는 농사꾼이 살지 못해서 그렇다고 생각합니다. 내가 아는 귀농자 가운데 도시에서 멀지 않은 시골에 살면서 낮에는 직장 다니고 저녁에는 빨리 들어와 집 앞의 텃밭을 일구는 사람이 있습니다. 그이는 자신의 삶에 당당하고 귀농을 자랑스러워합니다. 지역의 농민회 일도 돕고 마을 사람들과도 정답게 지내고 있으니 그의 자랑이 결코 허세는 아닌 거지요.

우리 마을의 주말농장에도 아침마다 꼬박꼬박 출근 전에 밭에 들르는 사람이 있습니다. 일이 있든 없든 아침에 30분 먼저 일어나 밭에 들렀다 가면 하루가 개운하답니다. 남들은 돈 들여가며 운동하는데 자기는 돈도 안 들이고 이렇게 좋은 운동을 하니 이게 바로 '마당 쓸고 돈 줍기'라나요. 그리고 그 사람은 결국 귀농해서 농사꾼이 되었습니다.

꼭 땅을 구해야만 농사 맛을 볼 수 있는 것도 아닙니다. 어떤 사람은 아파트 베란다 한쪽을 아예 밭으로 만들었는데, 밑에는 자갈과 모래를 깔고 흙을 퍼 날라 만든 작은 밭에 작물만이 아니라 들꽃도 심어 놓은 겁니다. 참 보기가 좋았어요. 한번은 입이 딱 벌어진 적이 있었는데, 그 사람은 옥상에서 포도농사까지 짓고 있지 않겠습니까. 벼농사만 못하지 옥상 밭에서 안 해먹는 게 없을 정도였습니다.

그래서 나는 무작정 시골로 내려가지는 말라고 합니다. 농사로 돈을 벌어야 하는 귀농은 진짜로 조심해야 한다는 뜻입니다. 돈을 벌어야 하는 농사에는 농사의 참된 의미를 누리기 힘들게 하는 한계가 있습니다. 도시에서 흙 한 평을 가꾸며 순수하게 농사를 지어 그 참맛을 누린 다음에 시골로 내려가도 늦지는 않으니까요.

농사짓는다고 하면 대개 사람들은 "몇 평이나 짓습니까?" 하고 묻습니다. 농사라면 큰 땅이라야 하고 그래야 제대로 농사짓는다고 할 수 있다는 뜻도 들어있는 질문일 겁니다. 하지만 내 생각은 완전히 반대예요. 농사짓는 땅은 적으면 적을수록 좋지요. 자기 노동력의 반 정도에 맞는 땅이면 적당합니다. 이렇게 얘기하면 다들, 아니, 열심히 죽어라 해도 모자랄 판국에 왜 힘을 반만 쓰란 말이냐고 의아해 하십니다.

자기가 갖고 있는 노동력을 완전히 다 써야 하는 규모의 땅이라면 그야말로 허리가 휘어지도록 일만 해야 하니 마음의 여유가 생길 여지가 그만큼 없습니다. 잡초나 벌레, 그리고 흙의 세계가 눈에 들어오지를 않는 거지요.

대부분의 사람들이 노동력 이상 가는 땅을 가지려 합니다. 그러면 이젠 농약과 제초제라는 독약도 뿌려야 하고 화학비료라는 인스턴트 거름도 써야 합니다. 그리고 아주 비싼 돈 주고 기계까지 사야 합니다. 그러면 작물도 이제는 돈으로만 보게 됩니다. 더 이상 생명으로 보이지 않는 거지요.

그래서 흙 한평 가꾸기가 필요합니다. 작은 땅이지만 무수한 생명들을 만날 수 있거든요. 그럼 유기농이라는 말을 굳이 쓸 필요도 없어집니다. 본래부터 농사는 생명을 가꾸는 것인데 무슨 특수 용어처럼 유기농이라는 말을 내세울 일이 아닌 거지요.

그런데, 시골로 내려가 오직 농사만 지어 생계와 교육과 문화를 누리겠다 하면 흙 한평으로는 턱도 없는 일이 됩니다. 그럼 돈을 제법 벌어야 하는데 자급 농사 규모의 땅 갖고 되겠습니까. 생계도 해결해야 하고 교육비에 문화, 의료비까지 감당하기란 만만한 일이 절대로 아니거든요. 아무리 유기농에 대한 철학과 신념으로 무장을 했다고 해도 말입니다.

귀농학교를 수료한 사람 가운데 귀농을 결행하는 사람이 20%도 채 되지 않는 이유가 여기에 있습니다. 그러나 더 근본적인 이유는, 농촌과 농업이 아무런 미래도 없이 죽어가는 데 있을 겁니다. 그런데도 정부나 지자체는 그것을 방치하거나 조장하고 있으니 그들에게 도움을 기대하기란 더욱 어려운 일이 되었습니다.

   그러니 현실적으로 눈을 돌려 생각해보면 정말로 환경운동이 제일 절실한 곳은 도시입니다. 시골도 많이 망가지고는 있지만 어디 도시만큼 할까요. 특히 행정력도 사람들의 관심도 미치지 않는 도시 근교의 논과 밭, 산과 숲에는 마구잡이로 들어서는 공장과 몰래 갖다 버리는 산업 쓰레기와 생활 쓰레기로 넘쳐 나고 있어요. 그야말로 환경의 사각지대가 바로 이런 곳입니다. 이런 땅을 살리고 활용한다는 면에서도 도시농업은 절실합니다.

   그동안 먹을거리 오염에 대한 사람들의 관심과 지자체의 지원으로 주말농사형 텃밭 가꾸기가 꾸준히 늘어왔습니다. 이것이 도시농업의 좋은 예가 될 수 있지만 단순히 취미생활로 머문다면 큰 의미가 없습니다.

   한 발짝 나아가 농사를 지어 밥상의 일부분을 조달하겠다는 목표를 세우는 게 필요합니다. 주말농사로 주곡과 양념은 힘들겠지만 채소는 자급할 수 있지요. 특히 김장거리를 자급한다면 그 의미는 아주 클 것입니다. 겨우내 자기가 농사지은 걸 밥상에서 매일 만난다고 생각해 보세요. 비싼 돈 주고 유기농산물 사다 먹는 것보다 자기 손으로 직접 키운 것을 먹는 것이 건강면에서나 아이들 교육면에서나 몇 곱절 뜻있고 즐거운 일이 될 겁니다.

   한편으로 도시 농업으로서 텃밭 가꾸기는 시골로 내려가 농사꾼이 되려는 사람에게는 좋은 훈련이 됩니다. 농사는 한 번 실패하면 일 년을 기다려야 하는 일입니다. 그래서 단단한 준비 없는 귀농은 그만큼 위험합니다. 게다가 농사란 체험에 의존하는 것이어서 이론화나 표준화가 쉽지 않지요. 이론만 가지고 농사에 뛰어드는 것은 수영 이론서만 보고 헤엄쳐서 한강을 건너겠다는 것만큼 위험한 일입니다. 며칠 동안의 집중적인 현장 실습도 의미가 있지만 그보다는 일 년이라는 큰 순환의 과정을 직접 겪는 것이 중요합니다.

마지막으로 도시농업으로서 텃밭 가꾸기는 소비적인 도시 문화를 생산적이고 생태적인 것으로 바꾸는 데 긴요한 열쇠가 될 것입니다.

요즘 지역마다 생활협동조합운동(생협)이 많이 일어나고 있습니다. 그런데, 나는 이 생협이 지금처럼 계속 소비자 조직으로만 머물고 있는 것이 아주 걱정스러워요. 주변에 아는 사람 가운데 유기농산물에 지나치게 집착해서 예민한 사람들을 보면 꼭 이런 말을 들려 줍니다.

"겨울에 비닐하우스에서 자란 유기농 딸기보다 농약을 쳤더라도 노지露地에서 제철에 자란 채소가 훨씬 나아요."

그리고 길거리에서 할머니들이 한 주먹씩 내 놓고 파는 농산물이 차라리 낫습니다. 물론 그 할머니가 직접 재배한 것이라면 더욱 좋지요. 제철에 실내가 아닌 노지에서 키우면 대개 농약을 심하게 치진 않기 때문입니다.

그러나 그보다 더욱 강조하고 싶은 것은 소비자 자신이 직접 생산활동에 나설 때 진정한 소비자 의식을 가질 것이라는 점입니다. 흙 한평이라도 농사를 지어본 사람이면, 건강한 곡식일수록 겉으로 보기에는 볼품이 없다는 것을 알게 됩니다. 작은 것일수록 오래 저장할 수 있고 벌레가 먹은 것일수록 맛도 좋지요. 잡초와 벌레와 숱한 경쟁과 협조를 통해 자랐기 때문입니다.

이런 생산 경험이 없는 소비자들은 크고, 달고, 때깔 좋은 걸 찾습니다. 물론 그런 게 무조건 나쁘다는 것은 아닙니다. 다만 눈에 보기 좋은 놈들을 만들려면 그보다 못생긴 많은 놈들을 버려야 하는 문제가 있다는 겁니다. 그런데 그 놈들이 진짜배기인 줄을 모르니 얼마나 안타까운 일이냐 말이지요.

나만 해도 농사를 지으면서 참 많이 변했습니다. 사람 좋아하고, 술 좋아하기로 나도 둘째가라면 서러운 사람이었습니다. 도시에서야 사회 관계도 원만하고 사람 좋다는 소리도 듣게 되니 별 문제될 게 없었지요. 그런데 오직 땅과 작물만 벗해 조용히 농사를 짓다보니 도시의 조직화된 생활에 대해 다른 생각이 들었습니다.

조직생활에는 술과 담배라는 우상이 있는 것 같습니다. 생활의 활력이 되는 긍정적인 면이 있는가 하면 과하면 몸을 망가뜨리지요. 하지만, 그보다는 마음의 중심을 잡지 못하게 하는 게 더 근본적인 해악인 것 같습니다. 누구는 술 마시는 자신이 부끄러워서 술을 마신다고도 합디다.

많게는 하루에 담배 두 갑을 피우던 나는 마누라 없이는 살아도 담배 없이는 못 살겠다고 하고 다닐만큼 애연가 겸 연기 중독자였습니다. 술은 그 정도는 아니어도 좋아하기는 마찬가지였지요. 한번 먹으면 꼭 필름이 끊길 때까지 가야 제대로 먹은 것 같았으니까요. 직장 생활 하면서는 거의 일주일이 멀다하고 필름을 끊어 먹었으니 내 삶의 한 10퍼센트는 나도 모르게 지나가버리는 꼴이었습니다.

그런 내가 재작년 말에 담배를 끊었으니 내가 생각해도 참 희한한 일입니다. 술도 끊은 것은 아니지만 몇 달에 한 번 어쩌다가 만취하는 정도이니 상당히 양호해진 편이지요. 뭐 그리 내세울만한 일은 아니지만 다만 술과 담배를 멀리하는 게 그리 힘들지 않아졌다는 게 도시의 각박함에서 마음이 자유롭고 편안해졌기 때문이 아닌가 싶습니다.

조직 생활이 주는 또 다른 강력한 우상은 성공 신화인 것 같습니다. 이것 때문에 술과 담배도 필요하고 이 때문에 경쟁도 필요하고 이것 때문에 갖은 고생 참으며 사는 것 아니겠습니까.

나도 흙을 만지기 전까지는 성공 신화를 버리지 못했던 게 사실입니다. 재작년 겨울 농한기에는 뭔가 뒤처지고 있다는 느낌 때문에 큰 무력감에 시달린 적이 있습니다. 그런데 봄이 되어 다시 흙냄새를 맡으니 언제 그랬냐는 듯이 그 우울증이 싹 날아가 버렸지요. 참 신기했어요. 어떻게 보면 지금이 진짜 성공한 모습일지 누가 알겠습니까. 성공도 실패도 다 자기 안의 집착에 있는 것이지 싶습니다.

그러나 분명히 안 것은 흙에도 중독성이 있다는 사실입니다. 흙의 촉감과 냄새, 흙의 세계가 품고 있는 변화무쌍함과 무한함이 가져다주는 쾌감! 계속 기름집 서양 요리만 먹다가 시큼새콤상큼한 김치를 얹어 밥 한 숟갈 떠넘기는 그런 맛이랄까요. 조선 사람이 밥과 김치에 중독되듯이 나는 그렇게 흙에 중독되고 말았습니다.

도시 농업

한번은 서울 나갔다가 집에 들어와서 탈진한 적이 있었습니다. 하루 종일 찌는 더위의 서울 시내를 에어컨을 틀었다 껐다하며 꽉 막힌 길을 다녔더니 그랬던 것 같습니다. 저녁에 밥 한 숟가락만 뜨고 집사람 안마를 받고야 겨우 잠이 들었지만 밤새 몸이 편치 않아 뒤척였습니다. 그 전에도 서울만 갔다 오면 몸 상태가 안 좋아지는 걸 점점 강하게 느껴왔지만 그렇게까지 안 좋아진 것은 처음이었어요.

진짜 서울은 철을 모르고 사는 것 같습니다. 좀 과장하면 여름은 겨울 같고 겨울은 여름 같다고나 할까요. 여름엔 에어컨 찬바람에 시달려야 하고 겨울엔 따뜻한 난방과 완벽한 단열 창으로 오염된 공기를 마셔야 하니 원. 게다가 요즘 직장인들은 거의 식당에서 식사를 해결하는 모양인데 아침은 대충 거르고 점심은 사먹고 저녁은 술로 대신하는 식으로 말입니다.

서울 가서 점심을 먹을 때면 되도록 직접 해먹는 사무실에 가려고 애를 씁니다. 식당 밥을 두 끼 이상 먹으면 다음날 아침 똥 색깔이 대번에 달라집니다. 상태도 썩 좋질 않고 배 속이 찜찜름한 것이 개운치가 않아요.

언젠가 주부들 앞에서, 밥은 아내가 해주는 걸 먹어야 한다, 식구란 밥을 같이 먹는 가족을 말하는 것처럼 하루를 식구와 함께 아침을 하며 시작하고 하루를 식구와 함께 저녁을 하며 마감하는 것이어야 한다, 식의 얘기를 한 적이 있었습니다. 그런데 다들 표정이 떨떠름한 겁니다. 왜 그러나 싶어 물어보았더니 남편과 함께 식사하는 경우가 거의 드물다는 대답이었습니다.

오염된 공기와 철을 잃어버린 환경과 사랑이 없는 밥 한 끼를 먹고 사는 도시인들이 결국 갈 곳이 어디겠습니까? 첨단 시설을 자랑하는 종합 병원엔 왜 그리 환자가 많은지. 평균 수명이 늘었다고 하는데, 그래서 환자가 더 많아진 걸까요? 과연 사람들이 흙을 밟지 않고 이렇게 살아도 되는 건가요? 이런 식으로 얼마나 잘 살 수 있을까요?

며칠 전 새벽에 장마비가 주룩주룩 오는데 집 사람이 일어나 화장실 가며 "참 그 빗소리 듣기 좋네." 하겠지요. 잠결에 왜 빗소리는 듣기 좋을까, 화장실 가는 아내를 부스스한 눈으로 쳐다보며 생각하다 문득 빗소리는 엄마 뱃속에서부터 들었던 원초적인 소리겠구나 싶었습니다. 뱃속에서 엄마의 오줌 누는 소리를 듣고 나면 편안해지는 엄마의 느낌을 그대로 아이가 받을 테니 그 소리가 얼마나 듣기 좋을까요? 마찬가지로 아이 같은 농부가 비가 온 후 편안해질 어머니 같은 흙을 생각하면 그렇게 기분이 좋은 거지요.

그런데 그 빗소리를 도시에서는 들을 수가 없게 되었습니다. 죄다 아파트에서 살다보니 빗방울이 흙에 부딪치는 소리를 들을 수 없고, 낮은 층이라 해도 콘크리트 바닥에 흩어지는 소리만 들을 뿐이니 어머니 뱃속에서 듣던 편안한 원초적인 소리를 잃어버린 겁니다.

도시야말로 흙을 되찾아야 합니다. 구태여 작정을 하고 찾아가는 공원이나 산이 아니라 일상적으로 깨어나면 밟을 수 있는 흙 말입니다. 비가오고 나면 뭇 생명들이 편안하게 생기를 얻는 그런 흙….

그런 흙이 어디 있습니까? 농사짓는 논과 밭에 그 흙이 있습니다. 농약치고 제초제 치는 오염된 흙 말고 지렁이, 땅강아지, 두더지… 온갖 생명들이 살아 숨쉬는 농사짓는 흙에 있습니다.

주말농사 정도로는 부족합니다. 예를 들어 서울시에서 서울 사람들을위해 주말농장을 만들었는데 그게 경기도 양평에 있지요. 적어도 한 시간은 걸리는, 비싼 기름을 써가며 가야 하는 그런 곳으로는 어렵습니다. 또어떤 주말농장은 회원이 바빠서 오지 못하면 대신 관리를 해주어 원한만큼 수확물을 가져갈 수 있도록 보장해 주는 곳도 있다고 합디다. 이 또한결코 제대로 된 모습이 아닐 겁니다.

주말농사가 아니라 매일 농사가 되어야 합니다. 좀 일찍 일어나 출근하기 전에 둘러보고 일찍 퇴근해 풀 한 포기라도 매고 가는 농사 말입니다.

아주 농사를 열심히 지었던 후배 하나가 있었습니다. 주말농사 1년 후에는 논농사까지 했는데 서울에서 개인 사업을 하느라 누구 못지않게 바쁜데도 그렇게 농사에 열심일 수 없었습니다. 우리 안산농장에는 유기농을 배울 곳을 찾아 먼 길을 마다않고 서울 상계동, 경기도 성남 등에서 오는 분도 있어서 참 안타까웠습니다. 그런데 지난해에는 안산에 사는 회원들이 많아졌습니다. 확실히 집이 가까우니 뭐든지 달랐지요. 그래서 이번엔 의기투합이 돼 논농사까지 벌이게 된 거였습니다. 과연 제대로 쌀을수확해 먹을 수 있을지 의문이었지만 그래도 집이 가까워 자주 와서 손으로 김도 매고 물길도 손질하고 하니 그 정성이 이미 농사꾼 모습 그대로

였습니다.

　나는 도시농업이 주말농사처럼 단순히 레저나 취미 생활정도로 그친다
면 별 의미가 없다고 생각합니다. 우선 도시농업을 통해 스스로 밥상 자
급율을 높여가야 합니다. 처음엔 김장 자급을 목표로 하고 두 번째는 장
과 양념 자급, 세 번째는 쌀 자급을 목표로 합니다.

　이 정도면 주말농사의 수준을 한참 뛰어넘는 경지지요. 이걸 어떻게 직
장을 다니며 해낼 수 있겠냐고 의아해 하겠지만 마음만 있으면 그렇게 어
려운 일도 아닙니다. 나 또한 반쪽짜리 농부로 겸업을 하고 있지만 주곡
일부와 김장과 김치, 고추장, 양념, 반찬거리 등은 자급을 하고 있어서 자
급율이 대략 70%는 됩니다. 그러니 시장 갈 일이 거의 없어지더군요. 쌀
자급 다음엔 달걀과 닭고기 자급까지 목표로 하고 있고, 더 나아가 약초
농사도 지어 집에서 할 수 있는 민간요법용 약초 자급까지 욕심을 내려고
합니다.

　그 다음엔 문화를 자급해야 합니다. 도시사람들에게 문화생활이라면
고작 영화, 비디오, 공연, 여행 같은 게 다라고 해도 과언이 아닙니다. 그
런데 이게 대부분 소비적인 것들 아닙니까? 소비적인 문화는 누릴 당시
에는 재미있을지 모르지만 뒤끝이 허한 게 문제입니다. 생산적이지 못한
문화의 한계가 그런 것 아닐까요. 그러니까 자꾸 더 자극적인 것을 원하
게 되는 겁니다.

　생산적인 문화는 그 성취감도 클 뿐 아니라 결과를 계속 누릴 수 있으
므로 오래 지속됩니다. 결과물이 투박하고 촌스러워도 내가 만든 것이기
에 더 애정이 가고 이 세상에 하나밖에 없는 것이어서 더욱 자랑스럽지

요. 농사는 사실 따지고 보면 그 자체가 문화적이기도 합니다. 노동과 놀이가 하나일 수 있는 일이 농사만 한 것이 없거든요.

뭐니뭐니해도 가장 신명나는 문화는 공동체 문화일 것 같습니다. 도시 농업은 잃어버린 도시 속의 공동체 문화를 다시 살린다는 의미가 있습니다. 사는 곳이 다르니 마을 공동체는 아니지만 도시농업은 하나의 텃밭 공동체라고나 할까요. 그런데 왜 공동체 문화가 가장 신명이 나겠습니까. 함께 일하고 함께 나눠 먹는 것에서 노동의 의미와 수확의 성취감을 같이 느끼면서 일종의 집단 신명을 누릴 수 있기 때문입니다.

작년엔 콩 농사를 두레로 해서 수확한 것을 가지고 두부 만들어 먹기를 했습니다. 한해 농사를 마감하며 추수 감사절을 겸해서 했지요. 내 손으로 키운 유기농 콩으로 직접 두부를 만들어 먹는 것 자체도 너무 신나는 일이지만 각자 농사지은 것으로 맛있는 먹을거리를 해와 서로 나눠 먹는 재미도 뒤지지 않았습니다. 그것도 전업 농부가 아닌, 도시에서 직장을 다니는 몸으로 농사지은 것이니 더욱 뜻 깊게 다가왔지요. 너나없이 모두가 어깨가 들썩들썩 절로 흥이 나는 잔치였습니다.

올해는 들깨를 두레농으로 지어 남는 것은 지역의 어려운 이웃들과 함께 나누려 합니다. 우리만 누리는 문화가 아니라 남과도 함께 나누는 넉넉한 마음의 공동체 문화가 되었으면 해서입니다.

농사가 놀이일 수 있고 문화일 수 있는 것은 농사 일 자체가 획일적이지 않고 항상 새롭다는 것에 있습니다. 획일적이지 않다보니 자기 식이 중요하게 됩니다. 자기에게 맞는 일의 방식과 도구와 농장 짜임새가 있어야 하는 거지요. 또 농사는 항상 순환적이어서 매년 똑 같을 것 같지만 절대 그렇지가 않습니다. 그래서 노동의 결과물은 이 세상에 하나밖에 없는 자기만의 것이면서 또 그게 매년 다르니까 거기에 재미가 있지요.

문화라는 것도 노동과 먼 것이 아니라 노동과 하나 된 곳에서 자연스레 생기게 됩니다. 집사람은 하루 종일 직장에서 시달려 피곤한 몸을 하고도 구태여 퇴근 후에 밭에 오려고 합니다. 밭에서 조금이라도 몸을 놀려 풀을 뽑으면 몸과 마음이 풀린다나요. 곰곰이 생각해보니 집사람에게 밭은 사우나탕이기도 하고 황토방이기도 하고 산림욕장이기도 하고, 뭐 그런 식의 몸 푸는 건강터나 다름없는 것 같더라구요. 제초제, 농약은커녕 화학비료도 치지 않고 밭에서 난 풀과 똥과 오줌을 받아다 농사를 지으니 흙이 살아있어서 모르긴 몰라도 피톤치드니 음이온이니 하는 것들이 적지는 않을 겁니다. 그렇게 보면 집사람에게 농사는 노동이자 몸을 살려주는 약방이자 마음까지 푸니 일종의 놀이터이기도 한 셈입니다.

나는 밭을 나무와 들풀과 곡식이 어우러지는 이른바 생태농장으로 꾸미는 게 꿈입니다. 그동안 심은 나무가 아마도 100여 그루는 될테고, 들풀도 몇 십 종은 될 겁니다. 그런데 이게 재미가 아주 쏠쏠합니다.

보통 정원을 꾸민다고 하면 대충 어느 정도 자란 나무들을 심기 마련입니다. 하지만 나는 순전히 돈 아끼려고 어린 묘목을 사다 심었지요. 그 놈들 자라는 게 영 답답해 언제 큰 나무가 되나 푸념도 했지만 그렇게 새끼 때부터 한 그루 두 그루 키우다보니 보통 정이 드는 게 아닙니다. 곡식은 대개 일 년생이라 가을에 수확하고 나면 횅 한 게 기분이 그런데, 그런 황량한 들판을 지키고 있는 어린 나무들을 보면 기특하기도 하고 자랑스럽기도 해서 든든한 마음이 가득 차오르기도 합니다.

들풀들은 계절마다 끊이지 않고 꽃을 피우니 보통 예쁜 게 아닙니다.

눈이 즐겁기도 하지만 은근히 향내를 풍기며 피어있는 것을 보면 그만한 판타지도 없지 싶어요. 재작년에 사다 심은 흰 모란은 특히나 인기가 있었습니다. 빨간색의 모란과는 또 다른 맛이 있는데, 순백의 여왕 같다고나 할까요. 그런데 그놈의 향이 또 끝내주는 겁니다. 사람들은 모란이 향이 없다고들 하는데 이 흰 모란은 그렇지가 않았어요.

모란이 악세서리 같이 화려한 아름다움을 준다면 먹으려고 심어둔 배추가 봄이 되어 유채꽃처럼 만발해 은근히 풍기는 향기는 슬며시 마음을 설레게 합니다. 내가 취향이 좀 촌스러워서 그런지 꽃도 좀 소박하고 향도 잔잔한 것을 좋아해요. 게다가 배추꽃 향에는 배추맛이 배어있어 더 나를 당깁니다. 그런 은근한 아름다움이 배추꽃에 있습니다.

나무든 풀이든 보기 좋으라고만 심은 게 아니라 대부분 농사에 도움되는 것들을 심었습니다. 거미가 좋아하는 무궁화, 특유의 향으로 해충도 막고 호랑나비도 불러들이는 산초나무, 꽃을 피워 볍씨 파종시기를 일러주는 조팝나무, 도리깨 만드는 물푸레나무, 솔향을 많이 내뿜는 잣나무… 이런 식으로.

들풀은 거의 제초용인데 풀을 풀로써 다스리는 일종의 이초제초利艸制艸용 풀입니다. 제일 좋은 것이 국화과 식물입니다. 국화과는 다년생이라 밭둑에 심으면 일년생 잡초들보다 먼저 싹을 틔워 자리를 차지합니다. 게다가 국화과 식물을 해충들이 싫어해 방충망 역할도 하지요. 국화, 벌개미취, 좀씀바귀, 구절초, 쑥부쟁이, 개국 따위예요. 꽃도 보고 향도 맡고 풀도 다스리니 일석다조입니다.

박하와 어성초라는 허브도 심었는데 이놈들도 특유의 향으로 방충망 역할도 하고 약초 역할도 합니다. 이런 식으로 사시사철 초록이 있고 꽃이 있고 향이 있는 농장으로 만들려는 게 내 꿈입니다. 이런 것이 내 놀이고 우리의 문화가 되니 특별한 문화생활이 따로 필요하지 않은 겁니다.

그래도 도시문화에 익숙한 사람들에겐 별 재미가 없을지도 모르고 뭔가 익숙한 것과 연결된 것이 필요하겠다 싶었습니다. 우리 농장에서 작년부터 황토 염색과 두부 만들기를 시작한 것도 그 때문입니다. 올해는 별보기, 텃밭 영화제, 목공 같은 것도 새로 해보려고 합니다. 우리 회원 중에 이 분야에 뛰어난 전공자들이 있는데 그걸 그냥 썩힐 수야 없잖아요. 그렇게 서로의 능력을 서로 공유하는 거지요.

문화는 결국 사람이 사는 방식입니다. 원하는 삶을 동경만 하지 말고 그렇게 살려고 방법을 찾으면 길이 있고 대안이 생깁니다. 누구나 원하는 대로 살 수가 있고 그렇게 되어야 합니다. 그래야 진짜 사는 것처럼 사는 게 아니겠습니까.

기어다니면서 하지요

사람들은 하나같이 나보고 어떻게 그 몸으로 농사를 짓느냐고 의아해
하곤 합니다. 그런데 이상하게도 내가 농사짓겠다고 했을 때 이런 의문을
드러내지 않았던 사람이 둘 있었으니, 바로 어머니와 아내였어요.

사실 어머니는 원래부터 나를 장애인 취급하지 않았지요. 요즘 식으로
말하면 어머니에게 나의 목발은 그냥 안경 같은 거나 마찬가지였습니다.
다만 벗어버리고 싶은, 그래서 가슴이 조금은 아픈 것이기는 하지만 말입
니다. 워낙 낙천적인 성격이어서 한 번도 내색하지 않으셨을 뿐만 아니
라, 어떨 때는 '병신'이라는 욕도 거리낌 없이 뱉어내곤 했습니다. 일부
러 내색하지 않는 것도 아니고, 일부러 훈련시키기 위해서 그러는 것도
아닙니다. 무슨 특별한 교육철학을 갖고 있어서가 아니라 그게 그냥 자연
스러운 거였지요.

돌도 되지 않은 갓난아기 때 소아마비에 걸려 지체장애인이 된 나를 어
머니는 빚을 내서라도 고치겠다고 용하다는 의사를 찾아다녔습니다. 그
나마 내가 목발 두 개만 있으면 어디든 다닐 정도로 나아진 것도 다 어머
니 정성 때문이었습니다. 하지만 목발 두 개마저 던져버릴 수 있다는 꿈

을 버리지 않은 어머니는, 대학교 1학년 다닐 때 전남 여수에 수술을 잘 하는 병원을 찾았다고 나를 입원시켰습니다. 1년 전에 아버지가 돌아가 셔서 당신 혼자 살림을 떠안아야 했던 처지라 그것은 어머니에게 경제적 으로 너무 큰 부담이었을 텐데도 말입니다.

어머니는 당신 평생 중에 그 때처럼 열심히 일한 때는 없을 거라고 세 월이 흐른 지금에야 말씀하십니다. 그런데 나는 어머니의 고생에 보답은 커녕 틈만 나면 병원에서 나와 빨빨 쏘다니는 바람에 결국 허리뼈에 박은 쇠막대기를 부러뜨리고 말았습니다. 구부러진 채 굳어져 가는 다리를 펴 고 점점 더 휘어가고 있는 허리뼈에 쇠막대기를 대어 허리를 펴는 수술을 했는데 그 막대기가 부러진 거지요. 그 때 어머니가 얼마나 상심하셨을지 나는 지금도 차마 다 헤아리지 못합니다.

차를 몰고 다니기 전에는 가끔 어머니와 같이 전철로 출근을 할 때가 있었습니다. 그 어지러운 사람들 물결을 헤치고 무사히 전철을 타는 것도 내겐 진땀나는 일이라 가까스로 문가에 기대서면, 어머니는 안쪽으로 비 집고 들어가 곧 내릴만한 사람을 눈치로 찍고 있다가 자리가 비기 무섭게 큰 소리로 나를 부릅니다.

"철환아! 자리 났다!"

참! 쪽팔려서 피하고 싶지만 가만히 있을 어머니가 아니기에 쭈뼛쭈뼛 자리에 가 앉아야지요. 그럼, 어떨 때는 옆에 앉아 있던 사람이 마저 어머 니에게 자리를 내주어 둘이 편하게 앉아 가기도 했습니다.

그런데 아내도 똑 같습니다. 어머니는 당신 속으로 낳은 자식이니 그렇 다 쳐도, 아내가 더하면 더했지 어머니보다 못하지 않으니 나도 나름대로 복이 많은 놈이 틀림없지요. 다만 바지 길이에 대해서만큼은 어머니와 아내는 생각이 사뭇 다릅니다. 바지를 새로 사면 내 다리에 맞게 줄여야 하는데 어머니는 적당히 평균치를 잡아 늘 똑같이 줄여 주셨습니다. 그런데 아내는 바지도 내 다리처럼 짝짝이로 줄이는 겁니다.

옛날에는 바짓단을 뭉텅 잘라 줄인 내 바지가 빨랫줄에 7부 바지 모양으로 걸려있는 걸 보고 쓴 웃음을 짓곤 했는데, 지금은 그것도 모자라 7부에서 한쪽이 찔룩 들어가 있는 모양이 되었으니 그걸 보면 절로 껄껄 웃음이 나지요.

아내는 쓸데없는 데 돈 쓰는 걸 무척이나 싫어하는 사람이라 다섯 평으로 처음 주말농사를 시작할 때도 그렇게 구박을 했습니다. 그러던 사람이 집 사려고 모아둔 돈으로 밭을 사자고 할 때는 아주 흔쾌했습니다. 이듬해 100평 농사를 지으면서 아내의 생각이 점차 변했기 때문이었습니다. 그 전부터도 그랬지만 그 때도 내가 몸이 불편해 농사를 못 지을 거라는 우려는 전혀 갖지 않았지요.

언젠가 한번은 한 인터넷 신문에서 귀농에 대해 인터뷰를 한 적이 있었는데, 성한 사람도 농사짓기 힘든데 어떻게 하냐고 묻는 겁니다. 별로 깊게 생각한 바가 없어서 그냥 "기어다니면서 합니다."라고 했습니다. 그런데 그렇게 말해놓고 보니 그 말이 재미있어서 계속 말을 이어나갔지요.

"도시에서는 기어다니지 못하잖아요. 그런데요, 제가 꿈에선 목발을 짚질 않는다 말입니다. 그냥 기어다니는 거예요. 왜 그럴까요? 그게 자연스러운 거죠. 도시는 기어다니지 못하게 하는 어떤 규격이 있는 것 같습니다. 규격 사회죠. 규격에 따르지 못하면 다 장애인이 되는 겁니다.

그래서 도시는 장애인을 더 장애인이게끔 만들죠. 현대 문명은 하루가 다르게 발전하는데 절대 장애인을 기준으로 하지 않잖아요. 복지시설은 더욱 많아져야 하지만 완벽할 수는 없죠.

복지시설이 많아지면 정상인처럼 살 수 있을지 모르지만, 왜 꼭 정상인 처럼 살아야 합니까? 정상인이 뭡니까. 따지고 보면 규격에 잘 맞는 사람 이거든요. 그러니 정상인처럼 살고 싶다는 것도 일종의 고정관념이죠.

어쨌든 흙에는 그런 규격이 없습니다. 내 맘대로죠. 내가 기어다니든 굴러다니든, 누가 뭐라 그러겠습니까? 규격이 없어 흙의 노동은 항상 창 조적입니다."

그러나 내가 장애인 콤플렉스를 완전히 극복했다고 보면 그 또한 큰 오 햅니다. 그게 그렇게 간단히 극복되는 게 아닙니다. 오히려 나는 극복하 려고 애쓰지 않는다고 할까요. 그냥 삽니다. 불편한대로.

그런데 살다보면 진짜 약오를 때가 있습니다. 넘어질 때가 제일 그렇지 요. 넘어지면 뭐가 문제냐? 우선 남들한테 쪽팔립니다. 그게 제일 큰 문 제였습니다. 특히 도시에서는 더 그렇습니다. 어릴 때 어머니나 형들은 내가 넘어져도 그냥 내버려 뒀습니다. 혼자 일어나라고. 커서는 친구들과 아내도 그러지요.

흙에서 넘어지면 쪽팔릴 필요가 없어 좋습니다. 그래도 돌에 무릎이라 도 찧으면 아프기도 하거니와 힘이 쭉 빠지는 게 사실입니다. 며칠 전에 는 밭에서 전화를 받다가 오랜 비로 물구덩이가 된 고랑에 뒤로 자빠져 버렸습니다. 참 기가 막혔지요. 속으로 "에이, xx" 욕이 절로 나옵디다.

제일 힘든 것은 역시 뒤떨어지는 노동력입니다. 퇴근 후에 두 시간 정 도 아내가 와서 도와주면 나 혼자 반나절은 걸려야 끝낼 일을 해 버린다, 이 말입니다. 그런데 힘든 것은 힘든 것이지 불가능한 것은 아니니까. 시간이 좀 오래 걸릴 뿐 아니겠습니까?

그러니 농사를 남들처럼 지으려 들면 안되는 게 많습니다. 경운기도 몰지 못하고 트랙터도 몰지 못하니까요. 그 뿐입니까? 못하지는 않지만 삽질도, 쇠스랑질도, 곡괭이질도 참 힘이 듭니다.

그래서 그런 걸 하지 않아도 되는 농법을 내 나름대로 만들었습니다. 흙을 갈지도 않고 고랑은 한 번 만든 것을 영구적으로 쓰고. 자연농법에서 말하는 무경운농법인 셈인데, 나는 이걸 철학적 신념을 갖고 한 게 아니라 내 처지에 맞는 것 같아 그렇게 했습니다. 재작년 초까지 했던 쇠스랑질도 가을 김장농사부터는 아예 던져 버렸지요.

누군들 자신의 미래를 환희 내다보며 살겠는가마는 내가 이렇게 농사꾼이 될 줄은 정말 꿈에도 생각지 못한 일이었습니다. 한때 참 스승 찾겠다며 이곳저곳 돌아다닌 적도 있었지요. 어느 산 무슨 계곡에 가면 내공 깊은 도인이 있다기에 덮어놓고 그 계곡을 찾아 헤매던 기억을 떠올리면 웃음이 나오기도 합니다.

전공인 물리학은 뒷전에 두고 사회과학 공부에 열을 올렸던 대학시절에는 과학적 세계관이라는 고정관념에 푹 빠져있었습니다. 그렇게 20대를 보내고 30대가 되었을 때 세상은 너무 변해버렸지요. 1990년대에 들어서더니 철옹성 같던 소련과 사회주의가 무너지고 한국 사회는 급격히 상업주의로 빠져 들어갔습니다. 진보와 공동체적 가치가 흔들리는 자리에 돈과 성공이라는 가치가 우리 생활 곳곳에 파고들어왔습니다. 이른바 민주화 운동에 뛰어들었던 많은 동료와 선배들도 돈이 지배하는 현실을 외면하지 못하고 하나둘씩 생활 속으로 안주하게 되었지요. 그렇게 90년대의 상업주의는 80년대의 좌절과 희망을 온몸으로 부딪쳤던 우리의 20대를 거침없이 빨아들일만큼 엄청난 것이었습니다.

80년대의 꿈을 버리지도 못하고 새로운 흐름에 동참하지도 못한 채 자아분열증을 겪는 것 같았던 그 시간동안 나의 방황은 꽤 길었습니다. 그 방황의 끝에서 만난 '동양적·신비적'이라는 새로운 관념이 내게 뭔가 답을 줄 수 있을 것 같았습니다. 노장사상에 빠진 것도 그때쯤이었지요. 하지만 다시 회의가 찾아왔습니다. 고정관념을 거침없이 깨나가는 노장의 자유로움과 번뜩임은 참 매력적인 사상임에 틀림없는데, 잘못하면 혹 세무민惑世誣民에 이용당할 수 있다는 것을 느끼고는 회의가 많이 생겼던 겁니다. 그것이 관념 속에서는 뭔가 명쾌한 것 같아도 현실에 빗대 보면 무엇 하나 단서조차 제공해주지는 못하는 것 같았습니다.

90년대가 저물어가고 있을 때였습니다. 귀농자들의 이야기를 책으로 엮겠다고 취재를 다니고 있었는데 이 분들의 이야기를 들으면 들을수록 자꾸만 빨려들어가는 기분이었습니다. 그러다 내가 정말 홀린 건 지도 모르겠습니다. 그 해 가을, 그러니까 98년 가을에 홀린 듯이 집 근처 주말농장에서 땅 다섯 평을 빌리기에 이르렀으니까요. 아마 주인도 황당했을 겝니다. 꽃피는 봄도 아니고 가을에 뭐 심을 게 있냐고 주인이 말릴 정도였으니. 그래도 하나라도 심을 게 있으면 하겠다고 우기니까 그럼 배추나 심으라더군요.

급한 마음에 어디서 배추 씨를 구해 심었는데 그게 조선 배추였던 모양입니다. 남들 배추는 둥그렇고 통통하게 크는데 내 것은 길쭉하게 하늘로만 올라가 참 어리둥절했었지요. 한쪽 귀퉁이에 알타리도 심었지요 아마.

그런데, 그게 너무 재미났습니다. 씨를 심고 싹이 날 때 얼마나 놀랍고 신비롭던지. 정말 대단했습니다. 6년이 된 지금도 씨를 심을 때면 과연 이놈이 싹을 틔울까 마음 졸이기는 마찬가지지요. 그렇게 며칠을 마음 졸이다가 어느 날 문득, 씨앗이 터져 흙을 밀치고 그 여린 초록의 새순을 밀어 올리면 정말 감동 그 자체입니다.

그 다섯 평 농사에 미쳐 다음해에는 100평을 얻고, 다시 그 다음해에는 아예 400평을 사버리고 말았습니다. 결국 사고를 치고 만 거지요. 남의 집에 사는 주제에 얼른 저축해서 아파트 장만할 생각은 않고 지가 그 몸으로 무슨 농사를 짓겠다고 밭을 사냐며 집안 어른들이 마뜩치 않아 하시는 것도 무리는 아니었습니다.

무식이 용기를 낳는다고, 그렇게 사고는 쳤지만 사실 농사 경험도 제대로 없는 내가, 게다가 이렇게 성치 않은 몸으로 유기농 하겠다고 농약과 화학비료는 물론 퇴비도 무시하고 농사에 덤벼들었으니, 남들 보기엔 이게 이만저만 한심한 일이 아니었습니다. 그러거나 말거나 나는 다섯 평 농사를 내가 생각해도 기특할 정도로 잘 해냈다는 자신감에 넘쳐 있었지요. 주인이 도와준다고 나 모르게 화학비료도 주고 거기다가 제초제까지 뿌려준 사실을 나중에야 알게 됐지만 말입니다. 그때는 내가 유기농으로 잘 지어서 그리 된 줄로 크게 착각하고 있었습니다. 그 즈음에 마침 자연농법이니 태평농법이니 하는 것들을 접하게 되어 더 그랬던 것 같아요. 아무 것도 주지 않아도 자연이 다 알아서 키워주는 줄로만 알았다니까요.

그때부터 농사 책 만드는 일도 본격적으로 시작하게 되었습니다. 생태농업에 관한 것이었는데 생태주의는 나에게 새로운 희망으로 떠올랐습니다. 서양의 과학주의와 동양의 신비주의를 아우르는 대안주의라고나 할까요.

그런데 너무나 다행인 것은 내가 농사를 짓는다는 사실이었습니다. 내가 땅에 발을 딛고 흙을 주무르는 농사꾼이 아니었다면, 그래서 책만 만드는 글쟁이였다면 아마 나는 '생태주의자'가 되고 말았을 겁니다. 흙 속을 기어 다니다보니 '주의자'가 되어서는 절대 안 되겠다는 생각이 들었습니다. 무슨 '주의'를 따라, 관념 속에서 그토록 오랫동안 방황한 끝에, 모든 걸 놓아야 한다는 걸 비로소 땅에게서 배웠습니다. 생태농업을 하면서부터 생태주의자가 되어 놓고서는 다시 금방 생태주의자를 버린 셈이지요.

농부면 농부지, 거기에 무슨 유기농부, 생태농부 식으로 딱지를 붙이면 좀 이상하지 않습니까?

왕벌

자연은 역시 그렇게 낭만적이지만은 않다는 것을 깨닫게 한 한판의 사건이 있었습니다.

어제 밭에 나갔다가 왕벌집을 잘못 건드려 벌에게 된통 쏘이고 말았습니다. 그것도 두 방씩이나….

며칠 전 골조만 세워져 있는 하우스 한켠에 버려진 장롱을 물건 보관함으로 쓰려고 주워 갖다 놓았는데 비를 막기 위해 장롱 위를 엉성하게 덮어놓은 비닐 장판 조각이 문제였습니다. 그 정도로는 비를 막기 어려울 것 같아 계속 마음에 걸리던 차에 내일부터 비가 많이 온다기에 하우스 골조 위로 비닐을 더 넓게 치려고 나갔다가 일을 당하고 말았습니다.

우선 장판을 들어내려고 의자 위에 올라서서 장판을 들춰낸 순간이었습니다. 갑자기 여러 마리의 새까만 나방들(아마 중국에서 날아 온 멸강충 나방으로 보이는데, 아주 징그럽게 생긴 놈들입니다.)이 내 얼굴 쪽으로 달려들어 깜짝 놀랐는데, 놀란 숨을 내쉬기도 전에 엄지손가락만한 왕벌이 장판 속에서 '윙' 하고 날아오르고 있었습니다.

목발을 짚고 어정쩡하게 의자 위에 올라서 있는 상태라 잽싸게 도망갈 틈도 없었지요. 그 놈은 득달같이 달려들어 우선 내 왼손 등에다 엉덩이를 꽉 꽂았습니다. 순간 전기에 감전된 것처럼 쇼크가 쏟아져 들어왔습니다. 콘크리트 바닥을 뚫는 굴착기처럼 온몸을 부르르르 흔들어대며 엉덩이의 꼬챙이를 내리꽂는 놈의 살기어린 모습이 한눈에 들어왔지만, 오른손은 한쪽 목발에 묶여 있어 밀어칠 수도 없어 '으악!' 소리만 지르며 손을 흔들어댈 밖에요. 그러자 놈은 다시 얼른 왼손 엄지손가락으로 옮겨들더니 또 한 번 냅다 쏘아대는 것이 아닙니까. 지금 생각해보면 그나마 얼굴로 달려들지 않은 것이 다행이다 싶을 정도로 아찔한 순간이었습니다.

어쨌든 이러지도 저러지도 못하는 아주 짧은 순간에 또 한번의 쇼크로 의자 위에서 떨어질 뻔 했는데, 밑에는 돌이 많아 떨어졌다가는 더 다칠 것 같아 그 와중에도 딴엔 침착하게 목발을 추슬러 짚고 의자 밑으로 내려섰습니다.

손가락을 쏜 놈은 보이지 않았지만 혹시 뒤에서 내 목을 공격해 들어오지 않을까 무서워 '엄마야 나 살려라' 식으로 목발을 내짚어 있는 힘을 다해 냅다 뛰었습니다.

그 놈은 더 이상 쫓아오지는 않았지만 왼손에 통증이 몰려오는데, 진짜 목발 짚기조차 힘들 정도였습니다. 더구나 얼마 전에 물리면 몇 초 안에 저 세상으로 떠나는 살인적인 독거미 영화를 보았던 기억이 떠올라 심한 통증과 함께 더더욱 공포에 휩싸였습니다. 쏘인 손을 보았더니 진짜 거짓말 안 보태고 벌겋게 부어 올라오는 게 눈에 보일 정도였습니다.

먼저 해독작용이 뛰어나다는 된장이 떠올라 막걸리에 고추 찍어먹으려고 갖다 놓은 것을 찾아보았지만 고추장은 있는데 된장 통은 온데 간데 없는 겁니다. 순간 어쩔 줄 모르고 있는데, 속으로 '아차, 그렇지, 목초액!' 하고는 해독에 그야말로 직방이라는 목초액 통을 열어 찍어 바르고 는 얼른 담배 한 대를 물었습니다. 얼마 전에 꿀벌에 쏘였을 때 담뱃재를 발라 금방 아문 기억이 퍼뜩 났거든요.

얼마나 급하게 빨아댔는지 담배는 재를 만들지 못하고 빨간 불빛만 내 며 타들어갔습니다. 그 순간에도 나는 입으로는 빡빡 담배를 빨고, 오른 손으로는 계속 목초액을 물린 왼손에 바르며 눈으로는 놈이 혹시 또 공격 해 오질 않나 경계를 늦추지 않았습니다. 내 몸은 심한 통증으로 부들부 들 떨고 있었습니다.

지금까지의 과정을 이렇게 글로 적어보니 길게 느껴지지만 실제로는 1, 2분 사이에 너무 갑자기 일어난 일이었지요.

목초액과 담뱃재를 번갈아 바르니 통증은 약간 가시는 듯 했지만 그래 도 고통스러운 것은 마찬가지였습니다. 그래서 이번엔 아예 목초액을 바 가지에 따라 손을 푹 담가버렸습니다. 찍어 바르는 것보다 한결 나은 것 같았지요.

그렇게 조금씩 손과 마음을 다잡으며 주위를 살펴보니, 더 이상 내가 있는 자리까지 놈들이 공격해 오지 않는 것 같아 경계 어린 내 눈초리의 긴장도 풀어져 갔습니다. '아, 내가 왜 이런 고생까지 해야 되나.' 긴장 이 풀어지니 온갖 회한과 짜증이 스멀스멀 기어나오려고 하지요.

그러나 후회스런 마음은 이내 사라지고 통증이 조금씩 가라앉는 것 같 자 이제는 왕벌들에 대한 적개심이 불타올랐습니다. 거기에다 오기까지 발동하기 시작하더니 급기야 나도 모르게 '네 이놈들, 오늘 임자 잘 만났 다. 내 기어코 너희들을 무참히 도륙하고 말리라!'고 이를 갈며 굳게 결의를 다지고 있었습니다.

감당할 수 없을 것만 같았던 통증은 지나갔지만 그래도 물린 손은 계속 욱신거렸습니다. 게다가 엄지손가락은 독이 손톱까지 번졌는지 손톱 뿌리 부분이 검붉게 물들며 꼭 빠질 것처럼 흔들거렸습니다. 한 십여 분이 지났을까. 몸을 추슬러 목발을 짚어 보았습니다. 역시 아직은 목발 짚기가 만만치 않았습니다. 힘이 들어가니까 통증이 다시 커졌지요. 그래도 살살 짚고서 다시 그 전쟁터(?)로 다가갔습니다. 어찌나 살살 다가갔는지 꽤 시간이 걸린 것 같아요.

살그머니 장롱 뒤 장판과의 틈을 들여다보니 주먹만한 벌집과 십여 마리의 왕벌들, 그리고 벌집에서 조금 떨어진 곳에 새까맣게 붙어있는 나방들이 눈에 들어왔습니다. 나방놈들이야 별 것 아니지만 징그러운 놈들까지 있으니 더 소름이 돋았습니다.

그리고 다시 내 자리로 돌아와 담배 한 모금 물고, 저 놈들을 어떻게 소탕할 것인가, 깊은 연구에 들어갔습니다.

우선 장판을 들춰내 벌집을 뜨거운 뙤약볕에 드러나게 해야 할 것 같았습니다. 그런데 가까이 다가갈 수는 없고 해서, 살짝 다가가 장판에 구멍을 뚫고 줄을 묶어 멀리서 잡아당기는 작전을 세웠습니다. 나는 이 영리한 생각을 해내고는 회심의 미소를 지었지요. '네 이놈들, 오늘이 제삿날인 줄 알아라.'

대못과 고추 묶다 남은 끈을 챙겨 몰래 다가갔습니다. 끝에 구멍을 뚫고 줄을 묶은 다음 나의 아지트인 평상 반대 방향으로 한 5미터 정도 물러섰습니다. 이 정도면 놈들 사정거리 밖이라 생각한 거죠.

처음에는 공포심이 가시지 않아 차 뒤에 줄을 묶고 창문을 다 닫고는 차로 끌어낼 생각까지 했었지만 그러기에는 내 자신이 너무 쪽 팔린 것 같아 5미터 정도에서 스스로 합의를 했지요. 또 그 정도 거리면 충분할 것 같기도 했습니다. 내 아지트 평상과 떨어진 거리도 그 정도였으니까.

그러나 막상 묶은 줄을 당기는데, 장롱 위 모서리에 장판이 걸려있는데다 장롱을 받치고 있는 하우스 파이프 기둥에 걸려서 장판은 들썩거리기만 할뿐 전혀 끌어내려지지 않았습니다. 오히려 그 충격에 다시 벌들만 윙윙 날아다니는 게 아닙니까. 괜히 벌집만 들쑤셔 놈들이 또 나에게 달려들지 않을까 조마조마하고 있는데, 가만히 보니까 고놈들은 장롱 주변한 50센티미터 반경 안에서만 빙빙 돌며 경계를 하는 것 같았습니다. 나는 '아, 조놈들 영역이 저 정도구나!' 하고는 다시 내 아지트(평상)로 가서 새로운 연구에 착수했습니다.

장판을 끌어내려면 먼저 파이프 기둥에 딱 붙어 있는 장롱을 약간이라도 끌어내어 장판이 떨어질 틈을 만들어야 할 것 같았습니다. 그런데 저 무거운 걸 어떻게 끌어낼 것인가. 가까이 다가가면 또 공격해 들어올텐데.

생각 끝에 나는 귀농본부에서 사온 '귀농2호'(제초용 농기구)가 생각 났지요. 우선 길이가 꽤 길고(약 2미터 가량), 끝이 괭이처럼 90도로 꺾여 있어 장롱에 걸쳐 잡아당기기엔 딱 좋았습니다. 그런데 아무래도 그 정도의 길이로 저놈들 사정거리에서 안전할 수 있을까가 걱정이었습니다. 그러나 일단 아까 파악한 저놈들 영역으로 볼 때 어느 정도 안전할 것이라고 짐작을 하고 일을 벌려보기로 했습니다.

살짝 다가가 '귀농2호'를 장롱 밑으로 걸치고는 두 손으로 꽉 쥐고 잡아당겼습니다. 장롱이 앞으로 한 10센티미터 끌어당겨지는가 싶더니 벌한 마리가 뒤에서 '윙' 하고 튀어나오지 뭡니까. 순간 나는 나의 무기를 집어던지고 얼른 뒤로 도망쳐 나왔습니다. 평상에 앉아 마음을 진정하고 장롱을 보니 벌들은 다시 집으로 들어간 것 같았습니다. 2차 시도. 또다시 장롱 밑에다 귀농2호를 걸치고 힘차게 잡아당겼지요. 벌 한 놈이 또 튀어나왔지만 이제 어느 정도 적응이 된 나는 뒤로 몇 발짝 물러서는 여유를 가질 수 있었습니다. 그리고 다시 장롱 옆을 살살 지나 줄을 매었던 자리로 가 보았는데, 여전히 장판이 장롱 위 모서리에 걸쳐있어 잡아 당겨지지 않을 것 같았습니다.

그런데 자세히 보니 벌집은 예상과 달리 장롱이 아닌, 장판에 붙어 있었습니다. 그렇다면 그리 힘들이지 않고도 떨어뜨릴 수 있을 것 같았지요. 그래서 며칠 전 주워 놓은 긴 대나무를 찾아왔습니다.

벼와 과科가 같은 대나무를 벼 밭에다 꽂아놓으면 좋다고 하기에 주워놓은 것인데, 이렇게 긴요하게 쓰일 줄은 몰랐지요. 나는 대나무를 기울여서 장롱과 장판 사이의 벌집 위로 살짝 집어넣고는 순간적으로 떨어뜨리며 잽싸게 뒤로 물러섰습니다.

내 작전이 맞아 떨어졌는지 대여섯 마리의 벌들이 튀어나와 허둥지둥 날아다녔습니다. 호떡집에 불났다는 말은 저런 꼴을 두고 하는 말이지요. 벌들이 잠잠해진 다음 살짝 장롱 뒤로 가 보았더니 역시 벌집은 땅바닥에 나뒹굴고 있었습니다.

일단 집은 떨어졌는데 그래도 장판과 장롱 그늘에 가리워져 있어 비도 피할 수 있는데다, 장판이 그대로 남아 있다면 또 집을 지을 수 있을 것 같았습니다. 역시 장판은 그대로 놔둘 수가 없었습니다. 그런데 아까처럼 줄을 묶어 떨어뜨릴 수는 없고…. 나는 또다시 연구에 들어갔습니다.

천상 긴 막대기로 안쪽에서 밀어 떨어뜨려야만 했습니다. 장판이 삐딱하게 기울어진 채 걸쳐져 있어 안쪽에서도 충분히 작대기를 붙여 밀어버릴 수 있어 보였지요. 그런데 대나무나 귀농2호 갖고는 아무래도 짧을 것 같아 어떻게 할까 하다 요놈들을 묶어 연결하는 묘안(?)을 짜냈습니다. 철사줄로 튼튼히 묶었더니 내 기대대로 한 4미터 가까이 되는 장대를 만들 수 있었습니다. 이 대형 막대기로 멀찍이서 장대를 힘껏 밀어젖혀 끝내 장판까지 제거해버렸지요. 장판이 밑으로 툭 떨어지니 까만 나방들이 후두둑 날아가고 두세 마리의 벌들이 튀어나왔습니다.

마무리가 확실치 않으면 또 빌미가 생길 터이니 벌집이 뙤약볕에 드러나도록 장판을 완전히 끄집어냈습니다. 물론 비도 흠뻑 맞을 수 있도록 했지요.

그렇게 왕벌과의 전쟁은 나의 승리로 끝이 났습니다. 그리고 전쟁 뒤끝을 정리할 생각으로 평상으로 갈 참이었습니다. 그런데 별안간 장롱 위로 벌 한 놈이 튀어 오르더니 잠시 사방을 살피는 듯 멈추어 있다가 나를 향해서 잽싸게 날아오는 것이 아닙니까. 그 동안 저놈들 영역은 꺽해야 1미터를 넘지 않는다고 판단한 게 실수였습니다. 그것은 자기들 근거지가 제대로 방어되고 있을 때였을 것이고, 이제는 근거지를 망쳐버려 약이 오를 대로 오른 거죠.

나는 나를 향해 날아오고 있는 그놈을 보며 방심한 자신을 원망하고 있었지만 이미 때는 늦어 어쩔 도리가 없었습니다. 목발 짚는 입장에서 저놈보다 빠르게 도망갈 자신은 없고, 꼼짝없이 당할 판이었습니다. 그래도 벌은 가만히 있으면 공격하지 않는다는 말을 떠올리며 나는 숨도 쉬지 않고 꼼짝 않고 있었지요. 물론 저놈은 나를 알고 달려드는데, 내가 꼼짝 않고 있다고 그냥 물러설지 도저히 자신할 수 없어 또 다시 온몸은 공포에 휩싸였습니다.

놈은 먼저 내 목 뒤로 돌아 날아오더니 오른쪽 목으로 돌아 앞으로 내려왔습니다. 그 놈의 날갯짓이 느껴질 정도로 아주 가까운 거리였습니다.

몇 년 전 친한 선배 한 분이 시골에 갔다가 코 밑을 말벌에 쏘이는 바람에 독이 목으로 퍼지면서 호흡 곤란으로 쓰러져 죽을 뻔했다는 얘기가 머리를 스쳐갔습니다. 그 선배는 응급차에 실려 시골 병원에 갔지만 시골 의사도 어쩔 줄 몰라 당황하기만 했더랍니다. 다행히 같이 갔던 선배의 부인이 서울의 큰 종합병원 의사인지라 그 분이 재빨리 응급치료를 해준 덕에 목숨을 구했다고 합니다.

그런 생각들을 떠올리며 어쩔 수 없이 엉거주춤 서있는 동안 놈은 내 얼굴 앞으로 날아왔습니다. 눈앞을 한두 번 왔다 갔다 하더니 이 놈이 밑으로 쭉 낙하해 내 사타구니 쪽으로 다가가는 겁니다.

'앗, 이놈이 어디를 쏘려고 하는 거야!' 하는 새에 놈은 가랑이 사이로 해서 뒤쪽으로 날아오르고 다시 내 눈앞을 왔다 갔다 하며 위로 날아올랐습니다. 가버리려나 했지만 놈은 내 머리 위를 계속 배회하고 있었습니다. 아직은 결코 마음을 놓을 때가 아니었지요.

그러다 놈은 다시 장롱 쪽으로 휙 날아가버렸지만, 나는 감히 굳은 몸을 풀지 못하고 그대로 있었습니다. 섣부르게 움직였다가는 또 언제 달려들지 몰랐습니다. 그렇게 꼼짝 못하고 있기를 몇 분. 놈들은 여전히 장롱 주변을 헤매고 있었습니다. 이제 전쟁터를 정리하고 자시고도 없습니다.

나는 들고 있던 장대도 그냥 그 자리에 팽개쳐버렸습니다. 평상 위에 부어 놓았던 바가지의 목초액이든 열어놓았던 농기구 함이든 그런 건 이제 내 알 바가 아니었지요. 나는 뒤로 살살 물러서며 얼른 차에 올라 창문도 열지 않고 냅다 집으로 도망쳐 왔습니다.

왕벌과 씨름을 벌이고 나서 시계를 보니 세 시간이나 지나 있었습니다. 세 시간 동안의 사투(?)를 벌인 겁니다. 집에 가서 점심 먹고 오후 다섯 시쯤 밭에 나가보니 벌들은 온데 간데 없고 징그러운 나방 벌레들만이 아직도 장롱 뒤에 다닥다닥 붙어 있었습니다. 떨어뜨린 벌집은 풀밭에 가려져 있는지 잘 보이지 않았어요. 벌들이 보이지 않는 것을 보면, 다들 어디론가 사라진 것 같지만 그래도 풀 속을 뒤져 보지는 않았습니다. 내일부터 비가 오면 완벽하게 없어질텐데, 구태여 또다시 모험을 하고 싶을 리 없지요. 그리고 평상 주변에 널려진 싸움의 흔적들을 정리하고 포트에 모종한 배추에 목초액을 뿌려주고는 집에 와버렸습니다.

돌아 와서 곰곰이 생각을 해 보았습니다. 왕벌이 과연 사람에게 해만 주고 백해무익한 것인지 말이지요. 그 놈들에게 된통 쏘여 감정이 격해졌지만 마음을 차분히 가라앉혀 생각해보니 놈들도 다 자연의 산물이고, 무슨 이유가 있어서 우리 밭에 온 것일텐데 하는 생각이 들었습니다.

이것저것 책을 뒤져보았더니 왕벌은 장수말벌로 벌 중에 최고 무서운 놈들이고, 긴다리벌과 노랑말벌은 호박꽃을 좋아하며 풍뎅이나 메뚜기 따위의 해충을 잡아먹는 데 명수라고 되어 있더군요. 물론 꿀벌도 좋아해서 밭 근처 산에서 양봉을 하는 한 아저씨가 그놈들 때문에 골탕을 먹고 있다는 얘기도 생각났습니다.

그리고 저녁 뉴스를 보니, 벌들이 때 아니게 도시 주택가에 떼로 나타나 사람을 공격하여 셋이나 죽었다지 뭡니까. 이유인 즉 무더운 날씨가 지속되어 여왕벌이 많이 생겼고, 게다가 도시 근교에는 제비같이 벌레 잡아먹는 새들이 사라져 천적이 없어졌기 때문이랍니다.

이번 일로 나는 밭에 가는 게 썩 내키지 않아졌습니다. 예전 같으면 비가 오면 더 걱정이 되어 밭으로 한 걸음에 달려갔을 텐데 지금은 비 핑계로 며칠째 밭에 가는 걸 미루고 있으니 말입니다. 목초액의 효과를 보아 다행히 벌에 쏘인 손의 통증은 이제 거의 다 가신 상태이지만 그래도 찝찝한 것은 여전합니다.

아무튼 나는, 역시 자연은 인간에게 단순히 낭만을 즐기게 해주는 대상도 아닐뿐더러 더더욱 무슨 파라다이스 같은 존재도 아니라는 것을 확실히 알게 되었습니다. 오히려 자연은 인간에게 무섭게 다가오는 존재가 될 때도 있습니다. 자연은 말 그대로 그냥 '스스로(自), 그러하게(然)' 존재할 뿐입니다. 그렇게 자연스럽지 못한 사람들이 문제인 것이지요.

이런 나 또한 자연스럽지 못한 못난 인간이라 지금 이렇게 조그마한 일로 호들갑을 떨고 있습니다.

밭벼

1.

　3일 동안 지방에 다녀오느라 며칠을 비웠더니 밭에 난리가 났습니다. 벼 밭과 울타리 따라 심어놓은 옥수수에 스멀스멀 기어다니는 검은 애벌레 투성이지 뭡니까. 큰 놈은 어른 새끼손가락만한 놈들에서부터 작은 애벌레 놈들까지 온통 달려들어 옥수수는 이미 거의 다 갉아먹었고, 벼도 이제 힘을 내며 가지를 뻗고 있는데 줄기만 남았네요. 옥수수에는 일곱 여덟 마리씩, 벼에는 네다섯 마리씩 달라붙어 갉아먹고 있는 게 눈에 보일 정도였습니다.

　그 광경을 보지 못한 사람은 아마 상상도 못할 겁니다.

　고생고생 해가며 키운 벼들이 놈들에게 꼼짝없이 당하는 꼴을 보니 말문이 막힙니다. 옥수수야 심어놓기만 하면 알아서 잘 크는 놈이라 별 고생하지도 않았고, 또 늦게라도 심으면 추석 때쯤 따먹을 수 있으니 별 걱정이 되지는 않았지요. 그러나 벼는 처음 해보는 농사인데다, 그놈들 싹틔우고 풀 매주느라 얼마나 고생을 했는데, 그 생각을 하니 기가 막혔습니다.

이렇게 서서 벼 밭 전체를 굽어 보니 더 끔찍합니다. 온통 검은 놈들이 스멀스멀 기어다니는 꼴이라니, 내 등짝이 온통 가려운 느낌이었습니다. 진짜 무슨 재앙이 닥친 것 같다고 할까. 아니면 검은 옷을 입고 나타난 저승사자 같기도 하고, 또 아니면 외계에서 침입해 들어온 에어리언 같기도 하고.

불과 3일 전만 해도 멀쩡했었는데, 어떻게 어디서 나타나서 이렇게 밭을 폭삭시켜 버렸을까…. 곰곰이 생각해보니 출장 가기 전 밭에 잠깐 들렀을 때 검은 나방들이 유난히 많이 날아다녔던 것이 떠올랐습니다.

'혹시 그 놈들이……?'

나는 놈들의 정체도 모른 채, 일단 불타는 복수심으로 벼에 달라붙어 있는 놈들을 일일이 목발로 툭툭 떨어뜨리고는 짓이겨 죽여 나갔습니다. 목발에 밟혀 배에 검푸른 액이 터져 나오는 느낌이 소름 끼쳤지만, 그 정도로 마음이 약해지진 않았지요. 원래 바퀴벌레 잡아 죽일 때도 툭하고 배가 터져 죽는 느낌이 싫어 쓸데없이 휴지를 둘둘 말아 죽이던 나였지만 앞 뒤 가릴 때가 아니었습니다.

하지만 그렇게 밟아 죽여 가지고는 그 많은 놈들을 당해낼 수가 없었습니다. 한 30분 헤매다, 이래가지고 안 되겠다 싶어, 곰곰이 생각한 끝에 목초액을 떠올렸습니다. 얼른 하우스로 달려가 목초액과 담배꽁초 우린 물을 가져와 손 분무기로 딥다 뿌려댔습니다. 겨우 손가락만한 대만 남은 옥수수는 포기했지만 그래도 벼만큼은 살려야겠기에 정말 열심히 뿌렸습니다.

그렇게 삐질삐질 땀까지 흘리며 소탕작전을 펼친 보람도 없이 목초액을 뒤집어 쓴 놈들은 한동안 괴로워하는 것 같더니 조금 지나자 아무 일 없었다는 듯 멀쩡해지는 겁니다.

　하는 수 없이 일단 전략적 후퇴를 한다 생각하고, 집에 와서 마누라에게 얘길 했더니 그렇잖아도 그 놈들이 텔레비전에 나왔다고 합니다. 놈들의 이름은 멸강충 애벌레라는데 중국에서 황사 바람을 타고 날아와 서해안 지방에 창궐했다지 뭡니까. 특히 옥수수를 좋아하는 대식가로 텔레비전에서도 놈들이 옥수수를 갉아먹는 소리가 다 들릴 정도였답니다. 사각 사각 사각 사각 이렇게 말입니다. 그래서 옥수수를 가축 사료로 심은 축산 농가들은 막대한 피해를 입고 있다는군요.

　농약을 칠 수도 없고 답답한 마음으로 다음날 밭에 가 보았더니 놈들의 기세는 여전합니다. 혹시나 하고 밭 이곳저곳을 둘러보니 놈들은 옥수수나 벼, 조 같이 길죽한 잎사귀만 갉아먹고 콩 같은 넓적한 잎사귀는 건드리지도 않았군요.

　어떻게 하나… 의기소침해 있는데, 귀농본부 성처장님한테서 전화가 왔습니다. 그렇지 않아도 누구에게 하소연이라도 하고 싶던 차에 무엇 땜에 전화했는지 물어보지도 않고 냅다 멸강충 얘기만 했지요.

　"형님, 뭔 대책 없을까요?"

　"야. 그거, 설탕물 좀 뿌려봐."

　"설탕물이라니요?"

　"애벌레들은 피부호흡을 하기 때문에 설탕물을 뿌리면 놈들 피부에 코팅이 되어 호흡하기 힘들게 되는데다, 또 설탕물이 끈적거려 활동도 둔해지거든."

평소에도 처장님은 모르는 게 없다 싶었는데 가히 만물박사였습니다.

"형님은 그런 걸 어떻게 알고 있소?" 했더니, 하하 웃으며,

"야, 너 정말 끝내준다. 네가 편집한 책에서 본 건데, 네가 나한테 물어보냐?"

여하튼 어제오늘 얘기가 아닌 내 기억력의 한심함을 탓할 겨를도 없이 나는 그 길로 얼른 설탕을 사다 50배로 물에 희석하고 목초액과 담배꽁초 우린 물을 섞어 다시 어제처럼 신나게 뿌렸습니다.

괜히 그 말을 들어서인지는 몰라도 설탕물을 뒤집어 쓴 놈들은 어제보다 더 괴로워하는 것 같았지요. 설탕물은 보통 농약이나 자연농약과 달리 해가 쨍쨍할 때 뿌려야 효과가 있습니다. 놈들 피부에서 빨리 말라야 코팅이 잘 되거든요. 그렇게 뙤약볕에서 놈들과 한 판 씨름을 하고 다음날 가보니, 확실히 둔해졌습디다.

그리고 이틀 뒤에 때맞춰 비가 쏟아지는 덕에 놈들을 완전 소탕할 수 있었습니다. 애벌레한테는 물이 쥐약이라 설탕물에 지친 놈들은 금방 넉 아웃 되어버린 거죠.

놈들은 사라졌지만 놈들에게 갉아 먹힌 벼들은 어쩔 수가 없었습니다. 부러진 젓가락 같이 앙상한 가지만 남은 벼에서 나중에 황금빛의 벼 나락을 맺힐 거라곤 도저히 상상할 수가 없었지요.

2.

나의 벼농사 첫 경험은 처음부터 시련 속에서 시작해 시련으로 끝난, 말 그대로 시련의 연속이었습니다. 그렇지만 나는 그 이듬해도 과감하게

벼농사에 덤벼들었습니다. 주곡을 자급하겠다는 야심찬(!) 계획이었지요. 물론 벼농사는 밭농사에 비해 매우 쉽다고들 하지만, 내게 물논을 들락거리며 논농사를 짓는다는 건 엄두가 나지 않는 일이거든요.

궁리에 궁리를 거듭했습니다. 제일 큰 문제는 목발을 짚고서 물이 담긴 논에 어떻게 들어가 일을 할 것인가 였습니다. 깊은 장고 끝에 나는 무릎을 탁! 쳤습니다. 밭 이랑처럼 1미터 정도 되는 폭의 길쭉한 논을 몇 개 만들면 되겠구나 싶었지요. 폭이 좁으니 물에 들어가지 않고도 가에서 손을 뻗어 모도 내고 풀도 맬 요량이었습니다.

일단 물논에 빠지는 목발 문제를 해결하고 나니 논농사 설계에 가속도가 붙기 시작했습니다. 그렇게 하면 나도 논농사를 지을 수 있겠구나 하고서 더불어 이것저것 재미있는 인테리어 설계를 구상했습니다. 우선 논 가운데에 벼와 같은 과인 대나무 장대를 박고 피라미드 모양으로 반짝이 띠 줄을 장대를 중심으로 해서 논 네 귀퉁이에 연결해 매달기로 했습니다.(이건 정농회 강대인 회장님의 아이디어를 빌렸지요.) 대나무 끝에는 솟대를 만들어 다는 거예요. 멋있지 않겠어요?

대나무는 벼와 같은 과의 식물이라 벼에게 좋은 기운을 끌어들이는 안테나 장치로 삼고, 반짝이 띠는 새를 쫓는 장치로, 피라미드 모양은 기를 모으는 장치로, 솟대는 액을 막아주는 주술 장치로… 뜻도 깊고 좋지 않습니까? 겉으로 보기에도 멋진 인테리어이지만 새를 쫓는 실용성도 갖추고, 기를 모으는 의미도 실험해보고 더불어 솟대로 액을 막는 종교적 분위기도 낼 수 있으니 이야말로 종합 예술 아니겠냐고 속으로 자화자찬이 대단했지요. 거기에 덧붙여 논에는 우렁이와 미꾸라지, 붕어를 키워 완벽한 미니 생태계를 만들어 볼 생각까지 했으니, 코딱지만한 땅 덩이를 놓고 별의 별 구상을 다 한 거죠. 버려진 호스를 주워다 산에서 계곡물도 끌어오며 나름대로 실행에 들어갔습니다.

그러다 부안의 정경식 선생에게서 밭벼 종자를 얻어 오는 바람에 논벼에 대한 계획은 모두 접게 되었습니다. 밭벼는 말 그대로 논이 아닌 밭에서 키우는 것이어서 나의 물논 정복 구상은 하루아침에 창고로 들어가 지금까지 먼지만 뒤집어쓰고 있습니다. 처음 이 구상을 하며 들떠서 스스로 뿌듯해했던 걸 생각하면 지금도 웃음이 납니다.

사람 마음이 간사해 밭벼는 거름도 타지 않고 생명력도 좋아 풀만 몇 번 매주면 스스로 알아서 자란다는 말을 들으니 방치농법(?)을 추구하는 나에게는 딱 알맞은 곡식인 것만 같았습니다.

원래 벼는 물을 좋아하는 습생식물인데, 그 가운데 마른 밭에서도 자랄 수 있는 종자를 선별 육종해 나온 것이 밭벼입니다. 옛날에는 중 산간지역, 특히 화전민들이 많이 심었고, 들녘에서는 가뭄이 아주 심하여 논에 모내기를 못할 때 대체 작물로 밭벼를 심었다고 합니다. 지금은 두 종류밖에 남지 않았지만, 일제 초기만 해도 밭벼 종류가 20여 가지나 되었다고 할 정도로 옛날에는 널리 보급되어 재배된 곡식이었습니다.

이렇게 나의 벼농사는 꿈과 희망으로 가득 차 시작되었지만, 뭐 짐작하시다시피 파종하고 얼마 안 있어 그 기대는 무참히 깨지고 말았습니다.

밭벼도 모종을 키워 옮겨 심으면 풀매기가 수월하다고 하는데, 나는 모를 내서 그것을 밭에 들고 가 옮겨 심을 자신이 없어 종자가 좀 더 들더라도 그냥 직파를 하기로 했습니다. 직파하면 풀매기가 골치라고는 하지만 까짓 것 힘들면 얼마나 힘들겠는가 하고 우습게 본 것이 문제였지요.

까치나 새들의 피해가 많은 산 속의 밭이라 콩조차 모를 내는 밭이어서 나는 그 대책으로 목초 100배 희석액에 벼 종자를 한 시간 담갔다가 줄뿌림해서 심었습니다. 목초액에서 나는 불 냄새가 싫어 새들이 먹지 않기 때문이죠. 얼마 전 강낭콩을 목초액에 담갔다가 심어 새 피해 하나 없이 모두 싹을 틔운 성공적인 경험이 있어 무슨 대단한 선진 농법인양 뿌듯해 하며 동네 어른들께 자랑해 놓은 터였거든요.

씨를 심은지 한 3주 정도 지나서 벼 싹이 트기 시작했는데, 문제의 조짐은 싹트기 전부터 서서히 드러나기 시작했습니다.

볍씨를 심기 전에 내 딴엔 제초를 한답시고 열심히 제초기 '귀농1, 2호'(딸깍이와 긁쟁이)로 풀을 매주었습니다. 그런데 벼가 싹을 내밀기도 전에 피를 비롯한 잡초들이 온통 내 땅이다 하고 버젓이 싹을 내밀고 있는 게 아닙니까?! 혹시나 하고 벼 싹을 찾아보았지만 아직 낌새도 없으니 은근히 걱정이 앞섰습니다. 벼 싹도 나지 않았는데 다시 농기구로 풀을 맬 수도 없고, 일일이 손으로 뽑으려니 그건 더 엄두가 나질 않지요. 하는 수 없이 그렇게 기다리기를 며칠, 드디어 벼 촉들이 일렬로 줄지어 싹을 틔웠습니다.

이미 키가 커버린 풀을 맬 생각하면 까마득했지만, 파릇한 벼의 촉들이 이슬을 머금고 빼죽하니 일렬로 올라선 모습은 정말 장관이었습니다. 세상에 이만큼 상큼하고 신선한 모습이 또 있을까? 풀맬 생각은 잠깐 잊고서 멍하니 고놈들을 바라보고 있자니 내 몸과 마음이 온통 정화되는 느낌이었지요.

하지만 그런 황홀한 마음은 풍선껌 터지듯 허망하게 터지고 말았습니다. 벼 촉들 사이사이로 새파랗게 돋아 있는 피들을 보니, 저놈들을 어떻게 처치해야 할지도 고민이었지만, 자세히 째려보지 않으면 어느 게 벼인지 피인지 분간하기가 힘드니 더 큰일이었지요. 벼를 직파하려면 먼저 제초제를 듬뿍 뿌려주어야 한다는 말이 실감이 났습니다.

3.

그 후로 나의 벼농사는 수확할 때까지 풀매는 일로 일관했습니다. 그야말로 '풀과의 전쟁'이었지요. 풀도 심어놓은 곡식과 비슷한 놈들이 자란다더니 벼 밭의 풀들은 벼와 거의 생김새가 비슷한 게 대부분입니다. 피도 벼와 같은 화본과여서 같은 기운을 받으며 사는 종자라 얄밉게도 벼와 같이 잘 자랍니다. 작년에도 비름이란 녀석이 콩 밭에 있으면 콩 잎처럼 생겼고 들깨 밭에 있으면 꼭 깻잎처럼 생겨 분간하기 어려웠거든요.

하는 수 없이 옛날 어머니들이 자식 머리카락을 헤집으며 이를 잡듯이 풀 속을 헤집고 다녀야 했습니다. 벼농사는 첫해라 시험 삼아 50평 정도만 심어 안 되면 종자나 받지 하는 마음으로 덤빈 일이 이렇게 힘들게 될 줄이야….

힘들게 초기 풀을 겨우 잡았더니, 산넘어 산이라고 멸강충이라는 놈들이 새끼를 까놓아 벼들을 폭삭 점령해 버렸으니 얼마나 황당합니까? 농약치지 않을 수 없는 농부의 마음이 이해가 가고도 남을 일이었습니다.

솔직히 내가 유기농을 하겠다는 것은 생존을 위한 것도 아니고, 그렇다고 무슨 심오한 생태 철학적 신념을 갖고 있어서도 아닙니다. 남들한테 '나에게 농사는 레저'라며 농유農遊으로 말한 것처럼 농사에 목매달지 않기에 가능한 것이었을지 모릅니다. 내가 농사지은 것으로 가족들 먹을 식량을 책임져야 한다면 그 놈의 끔직한 벌레들을 한가롭게 설탕물로 퇴치할 생각을 했을까 싶지요.

하지만 그것이 허무맹랑한 시도는 아닌 겁니다. 결과적으로 설탕물이 더 효과가 있었으니까요. 당장의 효과를 바라고 쉽게 농약으로 해결하려는 마음이 지금의 오염된 관행농법을 그야말로 관행화시켰을 겁니다. 조금만 인내하고 참고 기다리면 농약 말고도 더 훌륭한 해결책이 나오는데 말입니다.

4.

장마 때의 풀매기는 초기보다는 덜 힘들었지만 그래도 결코 그에 못지않았습니다. 풀매기는 장마 전과 장마 후만 잘 잡아주면 된다고들 하여 장마 전에도 열심히 풀을 맸지요. 그런데 작년에는 장마가 두 번이나 찾아와 결국 곱절이 넘는 일을 해야 했습니다.

장마철에는 바위도 쑥쑥 자란다더니 풀이란 풀은 하루가 다르게 엄청 자랐어요. 한참 풀매고 땀 식히며 뒤돌아보면 저기 처음 풀 맨 자리에서 다시 풀들이 쫓아온다는 말이 실감이 나는 상황이었죠.

두 번째 장마 때였습니다. 처음 장마가 끝나고 엉성하게 풀을 매 주었던 게 계속 마음에 걸렸는데, 마침 지방 갈 일이 생겨 며칠 갔다 오니 말이 아니었습니다. 여름 한 철엔 이삼 일만 비워도 완전히 남의 밭이 돼버리기 일쑤거든요. 풀도 풀이지만, 아무 생각 없이 밭 한가운데 심었던 호박들은 얼마나 줄기를 제멋대로 뻗어댔는지 그럴 때면 진짜 잡초보다 더 얄밉습니다.

또 지방에 내려갈 일이 있는 터에 날도 꾸물꾸물하고 해서 급하게 풀을 맸습니다. 풀을 낫으로 베고는 그대로 흙에 깔아버리는 작업을 했습니다. 풀을 모아 밖으로 들고 나가기도 힘들고 해서 나름대로 내 몸에 맞게 자연농법에서 말하는 자연피복이 되게끔 한 거죠.

날이 꾸물거려봤자 얼마나 오겠나 하고 우비도 입지 않고 낫질을 했습니다. 그런데 삼분의 일 정도 했을 때 제법 비가 오는 듯 하더니 반쯤 일을 하고 나서는 마구 쏟아지는 겁니다. 몸은 이미 비에 다 젖었고, 이제 와서 일을 그만두기도 뭐하고 또 이 비에 저 풀들이 마구 좋아하는 꼴을 볼 수 없기에 빗속을 헤집으며 잡히는대로 낫으로 베어 눕혀나갔습니다.

급한 마음으로 하는 내 낫질에 벼도 좀 쓰러져 나갔어요. 그렇게 빗속에서 엉금엉금 기어다니며 낫질을 했더니 결국 몸살감기가 단단히 들어 출장도 연기하고 말았습니다. 그렇게까지 하고 나니, 솔직히 말하면 풀매는 일에 질리겠더라구요. 내가 왜 쓸데없이 이런 고생을 해야 하나 싶기도 하여 그 후론 별로 벼 밭에 가기가 싫어졌습니다. 지겨운 풀들이 자라 있을까 봐 두려웠을지도 모릅니다. 게다가 벼 밭 풀매는 데만 매달려 벼 밭 입구의 고랑 풀들은 매주지 않았더니 들어가기도 힘들 정도로 풀이 우거져, 외려 잘됐다는 심보로 가볼 생각도 하지 않았어요.

오랜만에 그 놈들을 보러 간 것은 가을배추를 심고 나서였습니다. 그러니까 한 보름동안은 가보지 않은 셈이지요. 너무 가보지 않아 미안한 마음도 들고 궁금도 하여 고랑의 풀을 헤치고 힘들게 벼 밭에 들어섰을 때, 나는 깜짝 놀라고 말았습니다.

벼들이 곳곳에서 보란 듯이 이삭을 패고 있었습니다. 장마에 쓰러진 놈들도 하나 없고….

사실 나는 내가 심은 벼가 이삭을 과연 맺을 것인지 확신하지 못했어요. 언덕배기 땅이라 포크레인으로 평탄작업을 한다고 땅 속의 흙을 다 뒤집어놓은 데다가 아주 박토인 땅에 거름도 일절 하지 않았거든요. 그런 상황에서 멸강충 애벌레 피해까지 입었으니…. 게다가 주변 사람들도, '그래가지고 이삭이 패겠나?' 하고 걱정들이었습니다. 그래도 열심히 풀을 맸던 것은 한편으로는 오기였던 것 같습니다.

그랬는데 이렇게 이삭은 보란 듯이 패 주었군요. 나는 참으로 벼들에게 감사했습니다. 나 자신이 은근히 자랑스럽기까지 했습니다. 벼를 밭에다 심는다고 눈치를 주던 주변 사람에게도 괜히 떳떳한 마음이 일었습니다.

5.

이삭이 패고 나서 다시 한 번 풀을 매주었더니 나락은 잘도 익어갔습니다. 그 조그마한 밭에 황금 물결이 일던 풍경을 생각하면 지금도 그저 뿌듯하기만 합니다.

그런데 노랗게 익어가는 그 놈들을 보고 있으니까 또 하나 걱정이 생겼습니다. 그나저나 저놈들 수확은 어떻게 할 것이며, 또 어떻게 찧어 먹나? 그렇게 궁리만 하다 아무 대책 없이, 또 다른 일들로 나날은 후딱 지나가고, 남들은 다 벼를 벴는데 내 것만 한참을 밭에서 여가를 보내고 있었습니다.

'저렇게 더 말라야 나중에 탈곡하기도 좋을 거야' 라고 위안하며….

그러다 귀농본부에 들른 날 점심을 먹으며 벼 자랑을 늘어놓았더니 다들 내 밭에 오고 싶어 하지 뭡니까. '기회는 찬스지' 하는 마음으로, 삼겹살 구워먹으며 소주나 한 잔하자고 귀농본부 식구들을 꼬드겼습니다. 그래서 뜻하지 않게 아주 수월하게 수확을 마치게 되었습니다.

그렇다한들 어떻게 탈곡을 해야 할지 대책이 없기는 마찬가지죠. 그렇게 또 한 달이 갔습니다. 양이 적으니 기계를 쓸 수도 없고, 그렇다고 홀태도 없고, 도리깨도 없으니 어쩌랴, 하는 수 없이 손으로 나락을 훑어 나갔습니다. 그러나 양이 적다고 깔본 게 실수였습니다. 제가 맨날 이 모양입니다. 바짝 말라서 손으로 훑어지긴 했지만, 볏짚 한 단을 훑는 데 한 시간도 넘게 걸려 도저히 이렇게는 될 일이 아니었습니다. 이 얘기를 들으면 남이 웃고도 남을 일이지만 처음 벼를 재배해 타작했던 최초의 벼농사 원시인 선배님들도 다 이렇게 하지 않았겠습니까. 그리 생각하니 그 옛날 사람들과 묘한 교감을 느끼는 것 같았습니다.

하지만 그렇게 도저히 손으로는 할 수도 없고, 당장 홀태를 구할 데도 없고, 마누라 빗을 몰래 훔쳐다 훑어보면 되지 않을까, 이 생각 저 생각 하다 다음 날 밭에 가서 아무 생각 없이 막대기로 한 번 턱 쳤더니 나락들이 후드득 떨어지지 뭡니까.

바로 이거다 하고는, 바닥에 방수포를 깐 다음 막대기로 볏단을 신나게 두드려 팼습니다. 타라락, 타라락. 벼알들이 떨어지는 소리가 참으로 듣기 좋았지요.

검불과 섞인 놈들을 채로 거르고 키를 사다 까불렸더니 벼알들이 제법 수북이 쌓였습니다. 키질도 난생 처음 해보는 일이라 검불 반 벼알 반이 키 밖으로 떨어지고 그랬죠. 앞에다 비닐을 깔고 키질을 두 번 해서 겨우 벼알들을 모아 담았습니다.

까불린 벼알들을 포대에 담아보니 한 두 말은 되겠더군요. 종자만 받으면 다행이지 싶었는데, 기대 이상이니 기분이 날아간다 이거죠. 소두 한 되 정도 볍씨를 직파로 뿌려 두말 정도 나락을 얻었으니 결코 손해 본 농사는 아니었습니다. 내년엔 한 마지기로 농사를 늘릴 계획이어서 대부분은 종자로 쓰고 일부를 기념으로 찧어 먹어볼 생각을 하니 배가 먼저 불러옵니다.

그런데 조그만 양을 정미해 줄 데도 없고, 가정용 정미기를 갖고 있는 사람도 모르고, 그렇다고 옛날 절구도 없어 하는 수 없이 마늘 절구로 찧어 보기로 했습니다. 그런 가관도 없겠지만 조그만 마늘 절구로도 쌀이 찧어집디다. 한 4인분을 한 시간 정도 걸려 찧어 키로 까불렸지요. 그렇게 해서 해먹은 밥맛이라니… 지금도 군침이 돕니다.

내가 생각해 봐도 그해 나의 벼농사는 원시인 농사 그 자체였지요. 남들이 들으면 비웃을 일이겠지만 나는 홀로 뿌듯하고 자랑스러워 흐뭇한 미소가 가시지 않았습니다.

※ 밭벼 농사를 처음 한 해가 2000년도입니다. 그리고 다음 해에는 홀태를 구해 탈곡을 하고 절구로 찧어먹었습니다. 그리고 또 다음해에는 탈곡기를 사다가 털었고, 거둔 나락이 한 가마는 족히 되어 정미소로 가져갔습니다. 정미소 사장님이 내 나락 포대를 보더니 어이없다는 표정을 짓습니다. 한가마를 찧어 달라고 가져온 것도 한심한데, 이 몸으로 직접 농사를 지었다고 하니 더 어이가 없는 모양입니다.

그래도 해달라고 간절히 부탁하여 직원한테 맡기니 직원 아저씨 왈 "야, 밭벼 오랜만에 보네요. 이거 이제 귀한 거예요. 이런 걸 다 농사지었어요?" 하며 친절한 목소리로 좀 기다려 달라고 합니다.

무조건 기다리기를 무려 두 시간이 넘었던 것 같습니다. 직원 아저씨는 구수한 촌부의 말투로 기다리는 저를 심심치 않게 했지요. 막걸리까지 권하면서요. 5년 밭벼 농사를 지어보니 요령도 생기고 방법도 나름대로 터득하여 다음에는 두 배 가깝게 소출을 얻을 수 있을 것 같습니다.

풀과 무경운 농법

입추가 지나니 햇살 따가운 한여름인데도 스산한 가을바람이 느껴집니다. 귀농학교 사람들과 배추씨를 파종한 그제만 해도 무더운 전형적인 여름 날씨였는데, 무 심을 밭을 만들기 위해 거름을 치니 이제 본격적인 가을 농사 기분이 나네요.

오랜만에 오신 장모님이 풀을 베시면 그 위에다 깻묵액비를 붓고는 곧 쇠스랑질을 할 참이었습니다. 액비를 붓는 일도 적잖이 팔 힘을 써야 하는데 그러고 나서 무거운 세발 쇠스랑으로 흙과 거름을 섞고 다시 쇠갈퀴로 평탄 작업을 하자니 꾀가 납니다.

배추야 모종을 키워 심는 거라 낫으로 풀을 베어 눕히고 거름을 부은 후 부직포로 덮으면 금방 삭아버려 아무 걱정이 없지요. 옥수수나 콩 같이 씨알이 굵고 큰 것도 깔아놓은 풀 사이에 심어도 발아하는 데 전혀 문제가 없습니다. 오히려 새 공격의 방어막이 되기도 하고 이슬이 맺혀 가뭄을 덜 타게도 해주지요. 하지만 무는 씨를 직파하는 거라 풀을 덮고 그 사이사이에 심으면 싹이 나도 콩나물처럼 자라게 되니 힘들어도 쇠스랑질로 흙을 갈아엎어 평탄하게 만든 맨땅에다 심어야 합니다.

그런데 아무리 생각해도 요즘 시원찮아진 팔로 무거운 쇠스랑질을 하자니 영 자신이 안 나는 겁니다. 거름을 치면서도 머리는 계속 꾀부릴 생각만 하는데, 퍼뜩 아이디어 하나가 떠오르지요.

'아! 그렇지. 풀을 덮고 씨를 넣을 곳만 구멍 파듯이 풀을 벌려 놓아 씨가 발아해 자랄 수 있는 공간을 만들어 놓으면 되는 것 아닌가? 맞다. 왜 내가 그 생각을 못했을까.'

이렇게 해서 쇠스랑질을 안 하게 되었는데, 따지고 보니 이때부터 본격적인 무경운 농법이 시작된 것입니다. 로터리야 처음부터 하지도 않았지만 그래도 만 4년 넘게 쇠스랑질과 호미질을 했더니 흙이 아주 부드러워져 이제 쇠스랑질은 거름을 흙과 섞는 것 말고는 의미가 없어졌지요.

아무튼 그렇게 꾀가 나서 깻묵액비를 붓고는 옆에서 장모님이 힘들게 뽑아낸 풀을 갈퀴로 다시 예쁘게 깔아 덮었습니다.

"밑에다 거름을 부었기 때문에 풀이 뿌리를 못 내릴 겁니다. 게다가 요번 주 내내 햇살이 좋아 풀들이 금방 숨이 죽을 테니 너무 걱정하지 마세요. 이렇게 하면 힘든 쇠스랑질 안 해도 되니 얼마나 좋습니까?"

처음 농사를 시작할 때는 자연농법에서 말하는 풀 피복의 제초효과만 철석 같이 믿고 진짜 열심히 풀을 깔았습니다. 그런데 그것은 뻥이었다는 것을 금방 알게 되었습니다. 풀은 햇빛에 금방 말라버리거나 아니면 습기에 곧 삭아버리는 겁니다. 두껍게 깔아도 마찬가지지만 두껍게 깔려고 해도 그 자리에 난 풀로는 부족했지요. 천상 다른 고랑에서 가져와야 하는데 힘들기도 하지만 그러면 별 의미가 없을 것 같았습니다.

풀 피복으로 제일 효과가 좋은 것은 볏짚과 산에 뒹구는 낙엽이었습니다. 섬유질이 많아 일반 풀처럼 금방 삭지 않기 때문이죠. 그런데 볏짚으로 피복을 하자면 우리 밭의 볏짚만 갖고는 어림도 없고, 다른 곳에서 구해야 되는데 무공해 볏짚을 구하기가 쉽지 않거든요.

내가 키운 밭벼 볏짚으로 몇 고랑 해봤는데 한 뼘 정도 깔면 분명 효과가 있지만 밭벼는 논벼보다 질기지도 못한데다 볏짚을 좋아하는 거세미가 모여들어 더 문제였습니다. 거세미는 볏짚을 좋아하는 굼벵이 종류로 고추나 가지 오이 같은 연한 모종의 모가지를 삭둑 잘라먹는 아주 대표적인 해충입니다.

또 볏짚은 섬유질이 많아 그걸 삭히기 위해 흙 속의 거름기를 빼앗아가는 역효과가 있습니다. 물론 장기적으로는 삭은 볏짚이 다시 거름이 되기는 하지만요.

낙엽 또한 효과는 좋지만 한계가 뚜렷합니다. 바람에 잘 날리기 때문이지요. 그래서 낙엽으로는 고랑이나 많이 자란 작물 사이에다 덮는 정도로 사용해야지 그것만으로 피복 효과를 보려는 것은 무립니다. 물론 고랑과 작물 사이에 깔면 효과도 아주 좋고 또 산의 낙엽엔 토착 미생물이 많아 작물에도 아주 도움이 됩니다.

그래서 내가 제일 많이 써먹는 비장의 제초 방법은 신문지 깔기입니다. 신문지의 효과는 거의 비닐 못지않습니다. 신문지는 공기와 물이 통해서 흙의 생태에도 도움이 되지요. 물론 비닐보다 보온 효과는 좀 떨어집니다.

그러나 이 보온효과가 무조건 좋다고는 볼 수 없어요. 검은 비닐로 태양열을 빨아들여 흙의 온도를 높여주면 수확량이 많아진다고는 하지만 오히려 흙이 숨이 막혀 작물이 병에 더 약해지는 역효과도 고려해야 하니 말입니다.

다음으로 신문지의 탁월함은 흙에서 다 삭아 버린다는 데 있습니다. 비닐처럼 거둬들이는 수고가 필요 없는 겁니다. 물론 일찍 삭으면 풀이 올라오기 때문에 겹 수를 잘 조절해야 합니다. 보통 장마가 지나면 신문지는 삭기 시작하는데, 고추처럼 늦게까지 자라는 작물은 세 네 겹 깔고 장마전후에 거두는 감자 같은 경우는 두 겹 정도면 충분하지요.

신문지의 가장 큰 단점은 깔기가 힘든 것인데, 이 일도 6년째 하다보니 요령이 생겨 그리 큰 어려움이 아니더군요. 몇 해 전엔 밭벼를 직파하면서 제초대책으로 100평 남짓한 밭에 일일이 신문지를 다 깔고 구멍을 뚫어 씨앗을 심는 그야말로 무식한 방법까지 써 보았기에 이제는 이력이 난 편이죠. 물론 벼 밭의 신문지 제초는 완전히 실패해 이젠 직파를 포기하고 모종을 길러 심고 있습니다.

하여튼 신문지를 까는 것도 밭 두둑을 좁은 줄이랑으로 만들면 종이 한 폭으로 덮을 수 있어 조금은 쉬운 편인데, 두둑을 모두 평이랑으로 넓게 만들다 보니 두 장을 연이어 덮을 수밖에 없어 깔기가 보통 까다로운 게 아닙니다. 초보자는 바람이 약간 불어 신문지가 날리기라도 하면 몇 장 깔다가 금방 포기하고 말 일이지요.

그래서 바람이 자는 아침이나 저녁에 깔아야 합니다. 깔고서 흙을 가장자리에 덮어주어야 하는데 이도 무조건 흙을 많이 얹는 게 중요한 것이 아니라 흙을 적당히 해서 신문지 끝이 조금도 들리지 않게 덮어주는 것이 요령입니다.

그러나 신문지 피복의 효과가 제대로 듣지 않는 작물도 있고 거꾸로 신문지 피복이 필요 없는 작물도 있습니다. 우선 직파하는 작물은 피복하기가 힘들어요. 직파 작물은 천상 풀로라도 피복을 해야 합니다. 그래야 흙이 건조해지는 걸 막고 비에 흙이 쓸려 가는 것도 막아 주지요.

그런데 생강과 토란은 좀 다릅니다. 직파하는 작물이라도 생강이나 토란은 발아가 매우 늦는 편이고 습기가 어느 정도 있어야 발아가 잘 되기 때문에 파종할 때 볏짚을 깔아주는 게 좋습니다. 우선 파종 전에 신문지 한두 장을 얇게 깔고 구멍을 뚫어 종자를 심은 다음 종자 중심으로 볏짚을 깔면 됩니다.

생강은 초기에는 습기를 좋아해 풀이 어느 정도 있는 게 좋습니다. 그래서 신문지를 얇게 깔고 볏짚을 덮으면 신문지는 금방 삭아버리거든요. 그러나 신문지를 아예 깔지 않으면 풀이 너무 올라와 나중엔 생강을 찾기가 힘들 지경이 되지요. 풀은 생강이랑 비슷하던가 적게 올라오게 하는 게 좋습니다. 생강이 어느 정도 자라 힘을 받았다 생각되면 풀을 뽑아버립니다.

토란은 나중에 잎사귀를 크게 펼쳐 금방 밭을 장악해버리기 때문에 초기 풀만 잡아주면 됩니다. 그래서 이 또한 신문지를 얇게 깔아주어 초기 풀이 무성하지 않도록 해주고 마찬가지로 볏짚을 함께 깔아 발아와 초기 생장에 좋도록 습기를 유지해주면 됩니다.

다음으로 양파처럼 길쭉하게 자라는 작물은 그림자를 만들지 못해 조금이라도 틈이 있으면 풀이 올라오거든요. 양파 포기가 자리하고 있는 그 틈을 이용해서도 올라오고 조금 찢어진 곳, 신문지 사이가 벌어진 곳에서도 올라오고 고랑에서부터 점점 퍼져 올라오는 놈도 있습니다. 이런 작물을 심을 때는 더 꼼꼼하게 신문지를 깔고 양파가 들어갈 자리도 될 수 있는 대로 딱 맞게 구멍을 뚫어 심는 게 좋습니다.

그러나 옥수수나 수수 같이 아주 길게 자라 밭에 자기 그림자를 덮어버리는 작물은 피복이 거의 필요 없습니다. 그 자리에서 난 풀을 매어 깔아주고 씨앗을 심고는 발아해서 한 뼘만큼 자랐을 때 솎아줄 겸 한번만 풀을 매주면 그것으로 족합니다.

두둑의 풀은 이렇게 한다 해도 다음으로 힘든 것은 고랑의 풀들입니다. 고랑에는 오가며 작업을 해야 하는 곳이기에 신문지를 깔 수도 없으니까요. 그래서 제일 좋은 것은 산의 부엽토와 낙엽을 까는 겁니다. 산의 낙엽은 소나무 같은 침엽수는 피하고 참나무 같은 활엽수가 좋습니다. 소나무는 송진이 있어 잘 부식되지 않아 마땅치 않기도 하거니와, 소나무는 이른바 타감물질이라 해서 다른 식물에게는 좋지 않은 물질을 분비하는 성질이 있어 곡식에게 피해를 줄 수도 있습니다.

낙엽은 되도록 많이 깔아 줄수록 좋습니다. 낙엽이나 부엽토에는 토착 미생물이 많아 흙을 기름지게 하고 풀씨가 발아해 자라는 것도 방해하거든요. 풀이란 녀석들이 원래 척박하고 깨끗하지 않은 땅에서 잘 자라는 성질이 있습니다. 하지만 그런 잡초가 죽은 흙을 살려준다는 것을 잊어선 안됩니다.

고랑 풀을 잡는 데에 효과적인 방법으로는 부직포나 방수포를 덮어주는 방법이 있습니다. 낙엽이나 부엽토 만큼 생태적인 의미는 덜하지만 제초 효과는 더 뛰어나죠. 그래서 고랑을 다 덮지 말고 반만 덮었다가 나머지 쪽에서 풀이 많이 올라오면 그대로 부직포를 잡아당겨 풀을 덮어버립니다. 다 덮으면 이런 수고를 안 해도 되겠지만 그렇다고 풀을 완전히 나지 않게 하는 것도 밭의 건강에는 좋을 리가 없으니까요. 풀도 적당히 있어야 벌레도 살고 천적도 살아 밭 생태계가 돌아가지 않겠습니까.

그런데 이 모든 방법으로도 안 되는 부분이 있습니다. 특히 벼밭이나 콩밭은 신문지로 피복할 수도 없으니 더 그렇지요. 그래서 되도록 직파를 하지 않고 좀 힘들더라도 모종을 심는 겁니다. 어느 정도 큰 놈을 심으면 풀과 경쟁해 이길 힘이 있는 거죠. 그래도 두 번은 풀을 매줘야 합니다. 장마 전에 한 번 해주고 장마 지나서 두 번째로 해주면 좋은데 그게 말처럼 쉽지 않거든요. 산의 부엽토와 낙엽을 깔아주면 좋을 텐데 장마 때면 산 숲도 우거지고 물에 젖어 낙엽을 긁어오기도 쉽지 않단 말이죠.

그래서 새로 시도하게 된 것이 이른바 천연제초제입니다. 농민신문에서 본 기억을 떠올려 빙초산과 목초액을 1:1로 섞은 액에다 물을 50배로 희석시켜 뿌려줬습니다. 이렇게 했더니 그 효과가 기대 이상이었습니다. 모종을 심은지 열흘 쯤 된 밭벼 이랑에서 밥풀데기 만하게 발아한 풀싹들에다 분무기로 뿌려주었습니다. 혹여 벼에 닿을세라 조심조심. 아, 그리고는 그 놀라운 효과에 놀라 자빠지는 줄 알았습니다. 뿌린지 대략 두 시간 뒤에 가 보았더니 밥풀데기만한 풀들이 하얗게 타 죽어 있는 겁니다.

'이야! 얼마나 독하면 풀들이 이렇게 다 타 죽었냐?'

그 효과가 무서워 더 이상 뿌리지는 않고 일단 두고 보기로 했습니다. 그리고 이씨 아저씨가 오셨기에 보여드렸더니, "이 정도면 제초제와 차이가 없는 거예요. 빙초산이 독하긴 한가 봐요. 그래도 사람이 먹는 것이니 제초제에 비하면 훨씬 낫겠죠? 어쨌든 놀라운 거네요." 하십니다.

그리고 이사람 저사람에게 이번 경험을 얘기하다, 액비로도 제초를 할 수 있다는 말을 듣게 되었습니다. 질소비료든 퇴비든 거름을 과다하게 주면 생기는 과잉피해를 이용한 것인데, 특히 액체비료(거름을 물에서 발효시킨 것들)는 바로 흡수할 수 있기 때문에 더 효과적이라는 거지요.

액비 제초 실험은 다음해에 해보았는데 실패를 했습니다. 아마도 액비 원액이 묽었거나 너무 발효된 것이어서 그렇게 되지 않았나 싶습니다. 반만 발효된 것을 뿌려주면 액비가 마저 발효되면서 암모니아가스가 발생해 가스로 타죽지 않을까 생각이 들었습니다. 올해는 다시 꼭 시도해 보려 합니다. 이게 성공한다면 아마도 우리 유기농업 발전에 적지 않은 기여를 하지 않을까 자못 기대가 큽니다. 액비라는 게 목초액에 비해 만들기도 쉽거니와 돈도 적게 들고 또 분해되면 거름이 되니 여러 가지로 장점이 많지요.

이번 여름 장마에 나를 더욱 괴롭힌 풀들은 초여름에 수확하여 빈 밭이 된 마늘밭과 감자밭이었습니다. 콩과 밭벼 심느라 아무 일도 못하다보니 한 달 정도만에 그놈의 밭은 정글이 되었지요. 풀이 무릎 정도 자라면 호미로 매든 낫으로 베든 베어 거름을 깔고 그 풀들을 덮은 다음 방수포로 덮어 두면 될 일인데 때를 놓쳤더니 그만 그렇게 자라버린 겁니다.

사람 키만큼 자란 풀은 호미로는 엄두도 못 내고 낫을 숫돌로 잘 갈아 베어 넘어뜨리는 수밖에 없는데 그것도 보통 일이 아닙니다. 반팔 입고 했다가는 팔이 온통 풀에 베인 상처투성이가 되고 긴팔을 입는다 해도 얼굴에 풀 상처를 남기기 일쑤죠. 옆 밭에선 트랙터로 너무도 간단히 풀밭을 갈아엎어 버리는데 하찮은 낫으로 풀과 씨름을 하기가 참 기운 빠지는 일입니다.

때는 놓쳤지만 그래도 잔뜩 쌓인 풀을 보니 그놈들 썩으면 좋은 거름이 되겠거니 하는 마음으로 위안을 했습니다. 장모님과 집사람까지 일을 시키며 깻묵 거름을 깔고 까맣게 탄 2년 묵은 음식물찌꺼기까지 끄집어내어 배추밭에 깔고 위에다 풀을 잔뜩 덮고는 마지막으로 방수포와 부직포를 덮어주었습니다. 이제 저것들이 푹푹 썩어 봄이 되면 이 밭엔 뭘 심어도 벌레 슬지 않고 튼실하게 자랄 겁니다.

처음엔 로터리를 치면 매번 삽질로 고랑을 파야 하는 것이 힘들어 무경운 농법을 선택했지요. 사실 쇠스랑질은 했으니 무로터리 농법이라 해야겠습니다. 내 처지에 맞는 것을 하다보니 무로터리 농법을 하게 된 겁니다.

풀도 열심히 흙에다 깔아주었지요. 이도 실은 풀을 먼데다 갖다 버리기 힘든 처지다 보니 자연스럽게 그 자리에 깔아준 거죠. 기대했던 피복 제초 효과는 거두지 못했지만 그래도 풀을 열심히 깔아주었더니 그 덕에 흙이 아주 건강해졌습니다. 게다가 따로 거름을 만들어 밭에 까는 일이 내겐 무척 힘든 일인데 그걸 풀로 해결한 셈이죠. 흙 색깔도 거무튀튀해지고 아주 부드러워졌지요. 이제 유기물이 제대로 누적되어 비옥해지고 살아있는 흙이 된 겁니다.

처음 이 밭을 샀을 때 돌밭 흙밭이었던 것을 보고 어른들이 얼마나 타박을 했는지 모릅니다. 게다가 밭 한가운데는 산업쓰레기로 버려진 시멘트 잔해들도 많았거든요.

흙이 살아난 데에는 풀이 일등공신이었습니다. 게다가 그 풀 때문에 이제는 무로터리 농법을 넘어서서 쇠스랑질에서조차 해방되어 완전히 무경운 농법으로 전환할 수 있게 되었으니 이정도면 나의 농사에 제일가는 동무가 풀이라고 할만 하지요?

오줌거름 똥거름

오늘은 배추밭에다 정성껏 오줌을 뿌리고 왔습니다.

예전에 처음 화학비료가 들어와 배급제로 보급되던 당시에 놀라운 효과를 가진 그 흰색의 요소비료를 농부들은 금비(金肥)라고 했습니다. 금처럼 귀한 비료라는 거죠. 그러나 내겐 오줌이 금비입니다. 한 방울이라도 헛되게 흘릴까봐 조심조심 배추들에게 뿌려 주거든요.

작년 김장 배추는 모종을 제대로 키우지 못해 두 번이나 구멍난 곳을 떼울 정도로 고생을 했습니다. 벌레가 엄청 갉아먹어 그물망처럼 되어버린 모종을 심은데다 늦게까지 비가 쏟아져서 죽어버린 놈들이 많았거든요.

비에 녹아 죽거나 벌레에 갉아 먹힌 놈들을 뽑아버리고, 다시 모종을 갖다 심기를 두 번이나 해야 했지요. 처음부터 그랬으니 예년에 비해 많이 자라지 못한 거죠.

그래 웃거름이라도 정성껏 주어보자고 하여 모아지는대로 오줌을 주었더니 꽤 효과를 발휘하는 겁니다. 오줌 한번 주고 난 다음 날 가보면 이틀새 자란 것이 눈에 띌 정도더라구요. 그러고 나서부터 오줌 보기를 금같이 하지 않을 수 없었습니다. 마음 속으로 이거야 말로 진짜 금비로구나 했습니다.

오줌도 거름발이 대단하지만 진짜로 거름발이 끝내주는 것은 똥입니다. 특히 사람 똥이 최고죠. 사람은 먹은 것의 70%나 되는 영양분이 똥으로 나온다고 하니 거름발이 좋을 수밖에요.

처음 뒷간이 없을 때는 직접 밭에 가서 일을 봤습니다. 구덩이 팔 호미와 뒷물할 물 한 바가지를 들고 가 적당한 곳에다 볼일을 보지요. 그러고 뒷물을 한 다음 축축한 채로 바지를 걷어 올립니다. 그래도 일을 하면 금방 말라버리니 화장지가 필요 없었죠. 이렇게 일을 보고 나면 기분도 참 상쾌합니다. 풀냄새 흙냄새 맡으며 일을 보는데다, 물로 깨끗하게 닦으니 뒷구멍이 참 좋아라 하거든요.

그리고 얼마나 거름발이 좋은지 실험할 요량으로 한 두둑에다 집중적으로 일을 본 다음 봄에 양파를 심었더니, 내 똥을 먹고 양파가 주먹 만하게 자라는 겁니다. 참 신기하대요. 사람 똥이 최고의 거름이라는 것을 실감한 거죠.

그래서 이번엔 집 창고에다 뒷간을 만들기로 단단히 작정을 했습니다. 원래 이사 올 때부터 뒷간을 만들려고 했는데 운치있고 예쁜 뒷간을 만들겠다는 욕심으로 2년을 그냥 보내고 말았으니 이래선 안 되겠다 싶었지요.

시골에 귀농한 사람들 찾아가보면 제일 부러운 게 뒷간이었습니다. 특히 깊은 산중에서 먼 산의 경치를 바라보며 근심을 푸는 해우소는 얼마나 매력적입니까.

대개 밭이 있는 언덕 위에다 뒷간을 지으면 저절로 떨어진 똥은 자연통풍으로 발효되고 바로 밭이 붙어 있으니 옮기는 수고도 덜어 꿩먹고 알먹고지요. 그런데 주택가 한복판에서 그런 뒷간이 어디 될법이나 하겠습니까. 그냥 나무로 지어 따뜻한 분위기에서 예쁜 잡지를 보며 근심을 덜 수 있는 정도로 만족하려 했지만, 사실 그것도 나에겐 큰 사치였다는 걸 그제야 깨달은 겁니다.

어느새 거름으로 쓸 깻묵이 거의 바닥나고 당장 똥을 모아 거름도 자급해야겠구나 하니까 마음이 급해집니다. 운치고 멋이고 하는 것들이 다 호사지 싶어, 일단 똥을 모으기로 한 겁니다.

그래서 지금 우리집 뒷간은 창고 한 귀퉁이에 쭈그려 앉아 일을 볼 수 있는 부춛돌 두 개 갖다 놓고 그 사이에 재를 뿌린 삽을 놓아 위에다 일을 보는 잿간식입니다. 일 끝나고 삽 위의 똥을 양동이에 담고 모아진 것은 그대로 밭으로 가져가지요.

그러나 반드시 오줌은 따로 받아야 합니다. 똥과 오줌이 섞이면 발효가 잘 안됩니다. 똥은 공기를 쐬어 호기발효를 시켜야 하고 오줌은 공기가 통하지 않게 혐기발효를 시켜야 좋기 때문입니다. 부춛돌 앞에 따로 오줌을 받을 수 있게 바가지를 갖다 놓고 그때마다 물통에다 모아 뚜껑을 덮어놓으면 됩니다.

이렇게라도 뒷간을 마련하고 보니 똥 싸는 재미가 여간한 것이 아닙니다.

우선 제대로 된 배설의 쾌감부터가 남다릅니다. 수세식 좌변기와 달리 푹 쭈그려 앉아 힘을 주니 압력이 배가되어 더 일이 잘 보아지고, 직접 내 똥의 냄새와 색깔 등 상태를 보며 어제 내가 뭘 먹었는지에서부터 어떻게 생활했는지 들을 살펴보는 재미도 쏠쏠하지요. 어제 과음했거나, 인스턴트 음식을 먹었거나, 식당 음식을 두 끼 이상 먹었거나, 고기를 불필요하게 많이 먹었거나 하면 대번에 오늘 아침 똥이 아우성을 칩니다. 고약한 냄새로, 이쁘지 않은 색깔로, 모양도 좋지 않은 상태로 경고를 하는 거죠. '자꾸 이러면 재미없다.' 하면서요.

그러나 어제 열심히 밭일을 했거나, 그래서 해가 질 때쯤 되어 집에 들어와 밭에서 얻은 푸성귀로 아내가 만든 따뜻한 음식을 먹었거나 하면 아침의 똥은 참 좋아라 합니다. 구수한 냄새에 이쁜 황금색에다 또아리 튼 모양도 아주 기분이 좋은 티를 냅니다. 덩달아 나도 얼쑤 기분이 좋아지죠.

어디 그 뿐이겠습니까. 그 건강한 똥을 밭에다 거름으로 줄 생각을 하면 더 마음이 들뜹니다. 똥을 갖다주면 밭 흙이 아주 부슬부슬해집니다. 숯가루를 주면 부드러워지는 것만큼 효과가 있습니다. 경운을 하지 않고 풀을 깔아주는 내 밭에는 더욱 요긴한 퇴비가 되지요.

밥은 밖에서 먹어도 똥과 오줌은 집에 와서 싼다는 옛말이 실감날 정도로 똥으로 키운 봄배추는 대단했습니다. 맛은 두 말할 것 없구요.

식물과 사람들 사이에는 중요한 약속이 있습니다. 식물을 먹을거리로 얻는 대신 사람들은 식물의 터전인 흙을 잘 가꿔주고 더불어 식물의 번식을 잘 돌보아주는 것입니다. 사람만이 아니라 식물로부터 먹을거리를 얻어가는 모든 동물들도 이 약속에 가입되어 있는 거지요.

흙을 가꾸고 번식을 돕는 핵심이 바로 똥입니다. 흙에서 나온 것을 다시 흙으로 돌려줌으로써 흙을 살찌우고, 똥 속에서 딱딱한 껍질을 부드럽게 만들어 식물의 씨앗을 싹틔워주는 겁니다.

그래서 똥은 흙의 또 다른 반쪽입니다. 똥과 흙이 식물과 동물을 중매쟁이 삼아 계속 순환하며 햇빛과 물의 도움을 받아 흙 자신을 살찌워가는 거죠. 그런 똥이 다시 흙으로 돌아가지 못하면 흙은 이가 빠진 반쪽짜리 동그라미 신세로 전락합니다. 흙으로 돌아가지 못한 똥 역시 천덕꾸러기가 되어 어디에선가 질병의 온상으로 전락하고 말지요.

식물은 엉뚱하게도 화학비료와 제초제와 농약을 먹으며 살고, 그것에 견딜 수 있게 길들여지느라 2세도 낳지 못하는 불임잡종으로 성 능력을 상실하고 있습니다. 우리가 자주 먹는 사과나 수박의 씨를 심으면 싹도 잘 트지 않고 싹이 튼다고 해도 같은 놈이 나오지 않습니다. 노새나 닭의 무정란처럼.

흙의 반쪽을 돌려줄 때는 애초에 받아올 때처럼 건강한 놈으로 반납해야 합니다. 오늘 먹는 음식이 오염에 물들었거나 좋지 않은 마음으로 먹는다면 내일 내 입에 들어오는 것도 달라질 수 없습니다. 내가 키운 건강한 음식을 먹고, 밝은 마음으로 유쾌한 육체노동을 땅에게 돌려 준다면 똥은 흙이 사랑하기에 충분한 반쪽으로 돌아가겠지요.

흙농사, 종자농사

　나는 농부를 여섯 가지 유형과 단계로 나눠봅니다.

　제일 첫째 단계는 열매를 많이 거두는 데 역점을 두는 농부가 있고, 두 번째는 줄기와 잎사귀를 잘 키우는 데 역점을 두는 농부가 있으며, 세 번째는 근본이 되는 뿌리 키우기에 역점을 두는 농부가 있고, 네 번째는 농사의 토대인 흙을 살리는 데 역점을 두는 농부가 있으며, 다섯 번째는 농사의 적이라 하는 잡초와 조화롭게 농사를 지으려는 농부가 있으며, 마지막으로는 곡식의 종자를 잘 거두어 곡식을 먹은 대가로 곡식의 번식을 도와주는 농부가 있을 겁니다.

　이 여섯 가지는 각각이 유형일 수 있지만 또한 발전 단계일 수도 있습니다. 유형으로만 보면 첫째와 둘째는 관행농법이 지향하는 것으로 상업농업에 가면 극치를 이루지요. 이른바 기업농이라 해서 남의 땅을 임대하여 단기적인 이익을 극대화하려는 상업농은 자기 땅도 아니니 흙이 죽든 말든 제초제와 화학비료를 마구 뿌려 농사를 짓습니다. 이런 농부는 오로지 돈을 목적으로 하므로 그걸 먹는 소비자의 건강은 안중에도 없지요. 그러니 오늘 출하할 곡식에도 약을 잔뜩 뿌리게 되는 겁니다.

단계로 보면 첫째와 둘째는 초보농사꾼의 모습이라 할 수도 있어요. 나도 처음 농사를 할 때엔 그저 열매 맺히는 게 하도 신기해서 그것에만 신경을 썼으니까요. 고추에 고추가 매달리고 감자 포기 밑에 감자가 숨어 있는 그 모습이 얼마나 신기했던지 진짜 그 맛에 농사를 지었지요.

그러다 줄기와 잎사귀가 건강해야 열매도 잘 맺힌다는 걸 알고서는 거름에 더욱 신경을 썼고 목초액 등 천연농약과 효소액비를 정성껏 뿌려주었습니다. 지금은 남 주고 없지만, 그 무거운 분무기에 목초액과 효소액비를 타서 줄기와 잎사귀에 뿌리다보면 무게를 못 이겨 뒤로 자빠지기 일쑤였지요.

뿌리를 잘 키우는 농부는 이른바 생태적인 농부라 할만합니다. 물론 관행농법에 따르더라도 뿌리를 잘 키우는 농사를 해야 제대로 된 농부라 할 수 있겠지만 화학비료에 의존하고서는 제대로 뿌리를 키우기는 쉽지 않습니다.

화학비료란 질소비료, 곧 요소비료를 주로 가리키는 것으로 줄기와 잎사귀를 집중적으로 키워주는 역할을 합니다. 관행농법이라 해도 요소비료를 되도록 쓰지 않고 소위 복합비료를 위주로 쓴다면 줄기, 잎사귀와 뿌리를 고루 키울 수 있습니다.

복합비료란 질소N, 인산P, 칼리Ka라는 비료의 삼요소를 고루 갖춘 것인데, 공기 중의 질소를 화학적으로 고정하기 때문에 질소는 어쩔 수 없이 화학비료이지만 인산과 칼리는 천연암반을 가루로 만든 것이어서 그 피해가 덜합니다.

이 중 인산은 열매를 튼실하게 해주고 열매를 물고 있는 꼭지를 강하게 해주는 것으로 열매거름이라 하고, 칼리는 뿌리를 튼튼하게 해주어 뿌리 거름이라 하지요. 천연거름이기는 하나 우리나라에는 이런 암반이 없어 전부 수입해 만드는 것이어서 천연이라 하여 무조건 좋다 할 것은 못됩니다.

뿌리를 잘 키우려면 흙을 잘 살려야 합니다. 살아있는 흙에는 무수한 미생물들이 많은데 이들이 뿌리를 튼튼하게 해줍니다. 이런 미생물들의 역할이란 말로 다 표현하기 힘들 정도인데, 곡식이 자라는 데 필요한 거름도 만들어주고 뿌리가 먹을 물과 공기를 보관해주며 그 외의 무수한 미생물들이 살 수 있는 환경을 만들어주지요.

살아있는 흙은 떼알구조(단립구조)를 띄고 있습니다. 흙 알갱이인 홑알들이 모여 더 큰 알갱이를 이룬 것을 말합니다. 홑알과 떼알은 많은 공극, 곧 틈이 많아 이 공간을 통해 미생물들이 살고 유기물들이 저장되며 또한 배수와 보수, 곧 저수지 역할도 하면서 흙 안에 적당한 공기가 통하도록 해주는 거죠. 살아있는 흙의 비밀은 바로 이 떼알구조에 있지요. 그래서 뿌리 농사 다음으로 네 번째는 흙을 살리는 농사라는 겁니다.

흙을 살리는 농부는 거름을 잘 만듭니다. 그런데 무조건 거름을 많이 넣어주는 것은 절대 능사가 아닙니다. 발효가 잘 되지 않은 것을 넣어주면 오히려 흙을 망치게 됩니다. 물론 여기서 거름이란 화학비료가 아니라 유기질 거름, 즉 퇴구비를 말합니다. 퇴비는 풀 같은 녹비를 말하고 구비는 동물 똥, 축분을 말하지요.

발효가 잘 된 것이라 해도 많으면 곡식이 과잉피해를 입을 수 있습니다. 어떤 곡식은 거름이 적어야 잘 되는 것도 있고, 어떤 곡식은 발효 안

된 생것을 넣어주어도 괜찮은 것도 있습니다.

흙 속의 미생물은 질소질 거름을 양분으로 삼고 탄소질 거름을 에너지로 삼아 살아갑니다. 질소질 거름의 대표는 요소비료, 축분, 음식물찌꺼기 같은 것이고, 탄소질 거름의 대표는 볏짚, 왕겨, 톱밥, 건초, 낙엽 같이 마른 것들입니다.

질소질 거름만 흙에 넣어주면 양분 과잉피해를 입을 수 있는데다 시간이 지나면 거꾸로 영양이 결핍될 수 있기 때문에 탄소질 거름과 잘 균형을 이뤄야 미생물이 왕성하게 번식할 수 있고 또 비에 의해 양분이 지하로 녹아 내려가는 것을 잡아줄 수가 있습니다. 그래서 화학적으로 합성해서 만든 요소비료는 고농축비료라 매우 조심해야 하며, 동물 똥 중에는 질소질 성분이 높은 돈분이나 계분의 사용을 조심해야 합니다.

반대로 탄소질 거름만 잔뜩 넣어주면 미생물이 그걸 분해하느라 흙 속에 얼마 있지 않은 질소질 거름을 먹어치우기 때문에 영양결핍이 일어나고, 탄소질 거름을 분해하는 데에도 시간이 많이 걸리지요. 그래서 볏짚을 깔아주면 단기적으로는 오히려 흙 속의 거름을 빼앗아 먹는 겁니다.

살아있는 흙은 이렇게 질소질과 탄소질의 균형이 잘 맞춰져 있는 것인데 이를 위한 핵심이 바로 잡초와 조화하는 농사로서 다섯 번째 단계가 됩니다.

잡초와 조화를 이루는 농부는 잡초를 귀한 자원으로 여깁니다. 잡초는 일단 그 자체로 천연 녹비지요. 녹비는 원래 과잉피해가 없습니다. 갈대나 옥수수 같은 벼과 식물은 탄소질이 많아 잘 삭지 않지만 대개의 풀들은 습기만 적당하면 금방 분해가 됩니다. 농사는 풀과의 전쟁이라는 말도 있지만 이 단계에 이르면 풀을 보는 마음이 달라지지요.

화학농법이 관행농법이 되면서 사실 풀은 아주 귀찮은 존재가 되어버렸습니다. 그래서 전쟁이라는 과격한 표현까지 등장한 겁니다. 그러다보니 이젠 농부들이 풀 이름까지 다 잊어버리고 말았습니다. 옛날 같으면 다 먹던 것이고 약용으로도 쓰고 또 농사자재로도 쓸 수 있는 것들이었는데 말이죠.

그래서 이제는 유용한 풀들은 점차 사라지고 아주 질기고 해로운 풀들만 우리의 들녘을 장악해버렸습니다. 환삼덩굴(단풍풀)만 해도 그렇습니다. 밭둑은 이제 거의 이놈들이 차지하고 말았지요.

애기똥풀이나 자리공 같은 독초들로는 농약을 만들 수도 있고, 박하나 어성초 같은 것은 밭 가에다 심어 해충의 침입을 막을 수 있으며 창포나 좀씀바귀 맥문동 같은 번식력이 좋은 화초들은 피복작물로 심어 잡초의 번식을 견제할 수도 있는데 말입니다.

해초들이라 할지라도 역할이 없는 것은 아닙니다. 원래 해초일수록 그 생명력이 끈질깁니다. 흙이 아주 척박해도 뿌리만 내렸다 하면 무섭게 잘 자랍니다. 그런데 그게 흙을 살리는 겁니다. 한번 풀뿌리를 뽑아보면 있는 힘껏 물고 있는 흙이 그렇게 보드라울 수가 없지요. 그런 풀들을 버리지 말고 뽑아서 흙에 깔아주면 거름으로 다시 돌아가는 겁니다. 그렇게 점점 흙이 비옥해지면 이제는 잡초들이 잘 자라지 못해요.

풀과 조화하고 풀을 잘 다스리는 방법 중에 하나가 무경운 농법입니다. 밭을 갈아엎으면 풀씨가 땅 속으로 들어갔다가 다음에 흙을 갈 때 다시 흙 위로 올라와 발아를 하는 거지요. 그러나 밭을 갈지 않고 몇 해 부지런히 노력해 겉흙의 씨들만 없애 주면 풀로 겪는 고생은 훨씬 덜어지게 됩니다.

 천연제초제를 뿌려주어 없애든가, 풀과 함께 발효시켜 삭혀버리든가, 아니면 새나 벌레들의 먹이가 되게 해서 자연스레 줄게 만드는 거죠. 그러나 무엇보다도 때를 잘 맞추어 풀이 씨를 맺기 전에 베어주는 일도 아주 중요한 작업이 될 겁니다.

 풀과 조화하는 농사에서는 거름 만들기에 그렇게 힘을 들이지 않습니다. 거름 만드는 일이 힘들면, 바깥에서 비싼 돈 주고 거름을 사다 흙에다 뿌려주게 됩니다. 사실 현재 대부분의 유기농업은 이 단계에 와있다고 볼 수 있습니다. 이 단계의 유기농법의 핵심과제는 거름 만들기와 미생물 농법입니다.

 외부에서 재료를 끌어와야 하는 점에서 이는 완전치 못한 유기농업이라 할 수 있지요. 하지만 생산물을 팔아 생계의 많은 부분을 감당해야 하는 현실에선 외부의 자원을 끌어다 농사짓는 것은 불가피한 일이기도 합니다.

 외부 자원에 의존치 않고 자체적으로 모든 걸 해결하는 걸 순환농사라 할 수 있는데 사람이 먹고 남은 것은 다시 죄다 흙으로 돌려주는 농사를 말합니다. 흙을 살리고 풀과 조화하는 농사에서는 수확량에 대한 집착을 놓아야 합니다. 올해 수확량이 많은 것은 내가 잘해서라기보다는 하늘과 땅이 잘해 준 것이기 때문이니까요. 나도 처음엔 수확량이 꽤나 되어 우쭐했는데 나만이 아니라 남들도 다 풍년인 것을 보고는 괜히 속으로 적이 실망했던 적이 있습니다. 나만 풍년이 되어 남들한테 인정받고 싶었던 걸 텐데, 거꾸로 내가 흉년이면 남들도 마찬가지라는 이치를 몰랐던 거죠.

 원래 하늘은 두 가지를 다 만족시켜주지 않는다 했습니다. 하나가 잘 되면 잘 안되는 다른 하나가 있기 마련입니다. 작년과 올해는 산에 도토리가 많이 열렸습니다. 도토리가 잘 되면 벼농사가 잘 안되죠. 초가을에 비가 많이 오거나 일조량이 모자라면 벼가 잘 영글지 않는데 반해 도토리는 오히려 잘 되거든요. 그래서 도토리는 예로부터 구황식물이었던 겁니다.

　자연의 이치가 이러한데, 한 작물을 대량으로 심으니 폭락과 폭등을 거듭하게 됩니다. 작년에 잘된 작물이 올해도 잘 된다는 보장은 절대 없습니다. 작년의 날씨나 하늘의 조건이 올해도 결코 똑 같을 리가 없기 때문이죠. 그래서 여러 곡식을 섞어 심고(혼작) 다른 곡식을 돌아가며 돌려 심는 것(윤작)은 자연의 이치를 따르는 농법입니다. 자연의 이치를 거슬러 단일작물을 대량으로 심게 되면 더더욱 인위적인 농사를 짓게 됩니다. 농약과 제초제 화학비료 그리고 비닐과 온실비닐하우스 같은 것으로 말이죠.

　이런 흙농사와 풀농사에선 당연히 관행농사만큼 수확량이 많을 수가 없습니다. 굳이 얘기하면 폭락과 폭등을 거듭하는 관행농의 평균치라 보면 될 것 같습니다.

　마지막으로 곡식의 종자 농사를 볼까요. 고대 식물은 원래 꽃을 피우지 않았다고 합니다. 꽃으로 번식하지 않고 뿌리로 번식했기 때문입니다. 그런데 뿌리 번식은 군락을 이루게 되고 이는 일시에 멸종할 위험성을 안게 되니까 생존전략으로 꽃을 피우게 되었다는 겁니다. 꽃을 피워 열매나 씨를 맺으니 그 씨가 바람이든 벌레든 동물이든 다른 외부의 힘을 빌려 이곳저곳으로 멀리 이동하여 번식할 수 있게 된 것입니다.

식물이 꽃을 피워 열매와 씨를 맺으니 동물은 먹을 것이 많아져 생태계가 더욱 풍성해집니다. 더욱 식물과 동물의 공생관계가 깊어진 거죠. 그래서 동물은 식물은 먹으면 반드시 그 씨앗을 퍼뜨려줄 의무가 있다는 겁니다.

그런데 현대농업의 특징은 이른바 불임잡종 농사라는 점입니다. 불임잡종이란 당나귀와 말 사이에서 나온 노새 같은 종자를 말합니다. 노새는 당나귀와 말의 장점만을 따온 놈이라 당나귀처럼 지구력도 좋고 말처럼 빠르기도 하지만 결정적으로 2세를 낳지 못하는 결함이 있잖습니까. 지금 우리가 먹고 있는 곡식 중에는 이런 불임잡종이 거의 대부분이라 해도 과언이 아닙니다. 부사라고 하는 사과에서부터 과일들은 거의 다 접붙여서 나온 것들이라 그 씨를 심는다고 해서 그놈이 나오는 것이 아닙니다. 게다가 종묘회사마저 IMF 때 외국회사로 넘어갔으니 더더욱 문제가 아닙니까.

곡식만 그런 게 아닙니다. 가축은 더욱 심하죠. 숫돼지는 태어나면서 거세당하고 소는 거의가 인공수정으로 태어나고 있어요. 말하자면 가축은 섹스할 자유도 박탈당한 겁니다.

얼마 전 텔레비전에서 종우로부터 씨를 받는 장면을 보여주는데 그 장면이 참으로 가관이었습니다. 보통 소의 두 배는 될법한 종우는 가짜 암컷, 곧 암컷 역할을 하는 또 다른 수놈에게 올라타서는 정액을 쏟아 부으려 할 때 옆에 있는 인부가 잽싸게 바가지를 들이대어 그것을 낚아채버리는 겁니다. 왜 하필 수컷이 암놈 역할을 하냐니까 진짜 암놈을 갖다 놓으면 자칫 정액이 암컷의 자궁으로 들어갈 수 있기 때문이랍니다.

본연의 생명성을 상실한 이런 먹을거리를 먹고 사는 사람들이 과연 사람으로서 생명성을 제대로 누리며 살 수 있겠습니까? 그걸 바란다면 그 또한 어불성설일지 모릅니다.

그래서 종자를 번식시키는 종자 농사를 짓는 것은 곡식에 대한 의무를 다하는 것이며 식물과 동물, 곡식과 농부의 원초적 공생관계를 지속시켜 주는 고리가 됩니다. 종자를 심어서 키우고 열매를 잘 받아 먹을거리를 만들고 남는 것은 다시 흙으로 돌려보내며 곡식의 씨 중에 좋은 놈을 골라 내년에 심을 종자를 잘 거두는 것은 농사의 처음과 끝이며 다시 처음으로 돌아가는 순환의 이치입니다. 이런 순환의 이치를 이어주는 핵심고리가 바로 종자를 잘 보존하여 번식시켜주는 일이니 이로써 농사는 자연에서 벗어나지 않고 자연의 일부가 되며 자연과 하나가 되는 거지요.

올 가을부터 무경운농법을 시작한 나는 이제야 흙을 살리는 농사가 무엇인지 겨우 알 듯한 단계에 와있습니다. 풀과 조화를 이루는 농사는 아직 멀기만 한 과제입니다. 아직은 솔직히 풀과 계속 전쟁을 치르고 있고 매번 풀에 지고 마는 그런 농사에서 별로 벗어나지 못하고 있는 게 사실이지요. 다만 그럼에도 굴하지 않고 계속 풀을 깔아주고 열심히 호미로 매고 신문지로 덮고 방수포로 덮는 식으로 이렇게 저렇게 해보니 약간은 풀을 다스릴 수 있게 되었습니다. 그리고 그 지겨운 풀이 이제는 쌓여서 흙을 살려주고 거름도 되어주니 풀의 고마움도 알게 되었습니다.

무경운을 시작했지만 사실 내년 봄에도 무경운을 할 수 있을지 걱정도 되고 제초 문제도 내 계획대로 올해보다 더 진전시킬 수 있을지 의문입니다. 그러나 걱정보다는 은근히 기대하는 마음이 더 커서 어서 빨리 내년이 왔으면 싶습니다.

종자 농사는 아직 왕초보 수준입니다. 내가 씨를 받는 것이라곤 고작해야 밭벼와 수수 토란 쪽파 정도이고 작년부터 고추와 배추 상추 대파를 시작했는데 이 중에 상추와 대파는 게으름을 피우다 잃어버리고 말았으니 말입니다.

전남 승주에서 자연농법을 홀로 실천하고 계신 한 농부가 있습니다. 올 가을에 찾아뵈었는데 그분 농사에 참으로 감동을 받았습니다. 거의 모든 종자를 직접 채종해서 쓰는데다 그 중에도 토종이 대부분이고 아울러 육종까지 하신다니 참 존경스러웠지요.

몇 가지 종자를 얻어오니 더더욱 내년 농사가 기다려집니다. 그동안 아무렇게나 방치해두었던 종자들을 며칠 전 편지봉투에다 일일이 담고 이름과 출처와 구한 날짜까지 적어 줄에다 차곡차곡 매달아놓았습니다. 나도 언젠가 모든 씨를 내 종자로 농사짓고 육종까지 할 날을 기다리며 걸려있는 종자들을 매일매일 씩 웃으며 쳐다봅니다.

제철음식

농사를 하면서 의식적으로 바꾸려고 한 것은 식생활이었습니다. 특히 육식을 대폭 줄였습니다. 육식 위주의 식생활이 좋지 않다는 것은 진작부터 알고 있었지만 반대로 완전 채식주의 또한 너무 지나친 것 같아서 처음엔 망설였지요. 평범하게 살면 되지 뭘 그렇게 유별날 필요가 있나 하는 생각이 들어서였습니다.

그러다가 어느 날 집사람과 장보러 갔다가, '농사 짓는 놈이 왜 이렇게 자주 장을 보나?' 싶은 생각이 퍼뜩 들지 뭡니까. 그러고 보니 장을 보는 이유가 주로 고기를 사기 위해서가 아닌가 싶데요. 육지고기든 물고기든 말입니다.

그날로 집사람과 의기투합하게 되었습니다. 절대 돈 주고 고기는 사지 말자, 모자라더라도 되도록 반찬은 농사지은 것으로 먹자고.

그 뒤부터 우리 밥상은 반찬 종류도 두세 가지로 줄고 메뉴도 거의 푸성귀로 채워졌습니다. 그렇다고 채식주의로 완전히 돌아선 것은 아니었습니다. 장모님이나 어머님이 가끔 주시는 고기 반찬은 고맙게 받아와 맛있게 먹기도 하고, 때로는 일 때문에 외식을 하면 고기를 얻어먹기도 했으니까.

　그렇게 저렇게 먹는 고기를 계산해보면 적어도 일주일에 한 번은 되는 것 같더군요. 어금니와 송곳니의 비율대로 고기를 먹는 게 좋다고 하니 적당하지 싶습니다.

　그래서 이른 봄에는 냉이와 씀바귀 같은 들나물에서부터 겨울을 난 시금치와 쪽파 상추 등이 밥상을 환하게 채웁니다. 먹기 쉽게 냉이나 씀바귀 쪽파는 초고추장에 그냥 찍어먹는데 그 향이 진짜 끝내줍니다. 추운 겨울을 버틴 것들이라 생김새는 초라하고 크기도 잘디잘지만, 혹독한 단련을 거쳐서 그런지 그 향이 기가 막혀요. 입안에서 봄의 향연이 벌어진다고 할까요.

　시금치는 된장으로 국 끓여먹거나 데쳐서 나물로 무쳐먹고 상추는 겉절이로 해먹습니다. 물론 이런 푸성귀와 진한 된장찌개와 김치 정도면 봄 밥상으로 복에 겹지요.

　이 시기에 먹는 풀을 나는 아주 귀중한 것으로 여깁니다. 이 때는 아직 농사지은 것이 나오지 않아 대부분 자연 그대로 산 것들을 먹는데, 이게 바로 100% 자연산이거든요. 농사지은 것은 아무래도 사람 손을 탄 인위적인 것이라 아무리 유기농이라 해도 생명성이라는 점에서 모자란 점이 있습니다. 이렇게 완벽하게 자연의 힘을 받고 자란 야생의 것들을 먹어주어야 사람 몸도 제대로 생명성을 누릴 것이라는 게 내 생각입니다.

　그 다음 늦은 봄부터는 김치거리로 심은 배추나 알타리 무가 주로 올라옵니다. 이것들은 씨를 잔뜩 뿌려서 세 네 번 솎아 먹는데, 갓 따온 것들을 진하게 지진 된장과 밥에 버무려 비며 먹으면 다른 반찬이 필요 없지요.

내 입맛이 의외로 까다로운 편인지라 아무리 맛있는 반찬도 같은 것은 세 번 먹질 않는데 이건 먹어도 먹어도 질리지 않으니 참으로 신기한 일입니다.

그러다 요놈들이 다 자라 김치로 담가 먹을 때쯤이면 한여름으로 들어가는데, 이 때는 감자, 오이, 호박, 가지, 고추 따위의 열매음식이 주요 먹을거리가 됩니다. 올여름은 거의 감자, 오이 호박으로만 때우다 시피 했지요. 감자는 양파, 당근과 함께 채 썰어 프라이팬에 볶아 먹거나 된장찌개에 넣어 끓여 먹기도 하고 밥 할 때 껍질째 쪄서 군것질로 먹기도 합니다. 좀 맛깔스럽게 먹을라치면 감자 찐 것을 으깨어 양파 채 썬 것과 비벼 식빵에 발라 먹으면 제법 그럴 듯합니다.

그런데, 유기농 4년이 넘어서니까 흙 속에서 자라는 열매 맛이 더 기가 막히더라구요. 유기농 3년이면 흙이 살아난다고 하는데 정말로 4년째가 되니 땅 속에서 자라는 감자, 양파, 마늘의 맛이 달라졌습니다. 마늘 같은 경우는 작년에 처음 성공했습니다. 날것을 고추장에 찍어먹어도 맛있는데 간장에 장아찌 담가 먹으니 진짜 둘이 먹다 하나 죽어도 모른다는 말이 무슨 말인지 그제야 알겠더군요.

아쉽지만 계속 다음으로 넘어가면, 오이는 냉국으로도 해먹고 고추장에 무쳐 먹기도 하고 국수에 비벼먹기도 합니다. 좀 오래되어 늙게 되면 이른바 노각이라 해서 소금에 약간 절여 갖은 양념에 고추장에다 버무려 먹으면 사각사각한 게 또 놀라운 맛을 연출하지요.

아내는 매일 오이 마사지로 한여름을 즐겁게 보낸답니다. 농약을 치지 않아 흙만 털어내어 먹어도 되는 것이니 피부에 그리 좋을 수 없다네요.

호박은 꼭 두 종류를 심는데, 마디마다 열리는 마디호박을 심고, 그 다음 조선호박을 심습니다. 마디호박은 조선호박에 비해 맛이 뒤처지지만 열매가 많이 열리고, 조선호박은 맛이 기가 막히지만 꽃이 암 수 따로 피어 열매가 잘 맺히지 않고 맺혀도 늦기 때문에 항상 같이 심어야 오래도록 호박을 먹을 수 있습니다.

호박 요리는 새우젓으로 고춧가루 좀 뿌려 기름과 함께 졸이는 것을 나는 제일 좋아합니다. 이건 진짜 생각만 해도 군침이 돕니다. 특히 조선호박이 기가 막히죠. 아니면 부추와 함께 채 썰어 부침개 해먹기도 하고 국수에 꾸미개로 채 썬 것을 지져 넣어 먹기도 합니다.

그러나 역시 꼭 잊어선 안 되는 것은 호박쌈입니다. 이것도 조선호박의 맛이 단연 으뜸인데, 새 잎을 따다 쪄서 잘박하게 지진 된장을 얹어 먹는 맛은 그것 또 안 먹어 본 사람은 모르죠.

뜨거운 여름의 기운도 약해지고 입추가 되어 배추씨를 파종할 때쯤이면 이제 오이는 끝물입니다. 마디호박도 한물가지만 조선호박이 기다리고 있어 아직 호박 맛은 더 즐길 수 있구요.

그러나 이때쯤 되면 깻잎과 고구마 줄기가 순서를 기다리고 있습니다. 봄배추로 담근 김치도 이제는 시어서 김치찌개 해먹기 딱 좋을 철입니다.

옛날 같으면 어림없는 얘기지만 지금은 김치 냉장고가 있어 항상 포기 김치를 먹을 수 있는 시대잖아요. 포기김치를 제일 좋아하는 나로서는 다행스런 일이지만, 어릴 때 먹던 얼갈이배추 김치나 열무김치의 풋풋한 맛을 보기 힘들어졌다는 것도 아쉽기는 합니다. 냉장고가 없던 시절, 집집마다 다 그랬듯이 어머니는 일주일이 멀다하고 김치를 담가야 했습니다. 처음엔 겉절이 맛으로 먹다가 떨어질 때쯤 되어서 약간 시면서 사각사각한 맛이 그만이었죠.

깻잎은 갖은 양념을 한 간장에 졸여 먹는 게 보통이지만 간장물에 대치 듯이 해 먹는 것도 좋습니다. 너무 졸이면 깻잎의 원래 맛이 양념 맛에 치여버리니까 살짝 대쳐주면 깻잎 본래 맛과 양념 맛이 잘 조화를 이루는데, 다만 처음엔 질긴 것이 흠이라면 흠입니다.

이제부터는 긴긴 겨울의 먹을거리를 준비해야 할 철입니다. 깻잎도 늦가을 서리를 맞아 누렇게 된 잎사귀를 모아 소금에 절여 물엿과 갖은 양념으로 재어 놓으면 그 맛이 일품.

고구마 줄기도 마찬가집니다. 약간 껍질을 벗겨 간장에 졸여 먹거나 된장으로 비벼 나물로 먹어도 맛있지만 그늘에 말려 묵나물을 만들어놓으면 요긴한 겨울 반찬이 되지요. 고구마 줄기로 김치를 만들기도 한다는데, 올해는 한번 아내를 졸라 만들어 먹어 볼 요량입니다.

사실 고구마는 열매보다도 줄기가 여러 가지 반찬거리로 더 쓸모가 많지요. 고구마야 군것질거리에 불과하지 않습니까. 양으로 쳐도 줄기가 훨씬 많거든요. 뿌리에서 열매가 잘 맺히도록 하려면 열심히 이 줄기를 따먹어 주어야 합니다. 그냥 내버려 두면 영양이 뿌리로 덜 가게 되니까요. 이런 줄기는 아무리 요리를 해먹어도 남을 수밖에 없는데 이걸 김치로 담가놓으면 오래도록 먹을 수 있어서 아주 좋을 것 같습니다.

이렇게 가을은 한해 농사를 하나씩 마무리하며 갈무리해서 겨울을 준비하는 계절입니다. 오이지나 콩잎, 깻잎, 고추로 만든 짠지류에서 방금 얘기한 고구마줄기나 깻잎 김치류, 또 고구마줄기에서부터 가지, 토란줄기, 고춧잎, 무시래기, 무말랭이 같은 묵나물까지 그 종류도 가지가지지요. 서리 오기 전 마지막으로 열리는 풋고추를 말려 찹쌀가루 묻혀 기름에 튀겨 먹는 부각은 또 얼마나 맛이 좋습니까.

그런데 이렇게 말하니까 내가 꽤나 요리를 잘하는 것 같은데 그건 아주 커다란 오해입니다. 내가 만든 요리는 내가 먹어봐도 별로일뿐더러 집사람에게 타박이나 면하면 다행일 정도니까요. 그래도 밭에서 나는 것으로 되도록이면 복잡한 과정 없이 비벼먹는다든가 찍어먹는다든가 하는 단순한 음식은 요리 실력이 필요없어서 좋습니다.

그동안은 집사람도 직장 다니느라 반찬의 대부분은 가까이 사시는 장모님께 의존했는데 농사지으면서 점차 자급율이 높아졌습니다. 집사람도 퇴근 후에 단 한 시간이라도 와서 일을 거들게 되면서 밭에서 거둔 것으로 만드는 반찬이 점점 늘어나게 됐습니다. 일 끝나고 몇 가지 주섬주섬 들고 와 저녁 때 해먹으면 일한 뒤라 배가 고프기도 한데다 더없이 신선한 것으로 밥상을 차리니 꿀맛이 따로 없습니다.

밭에서 신선한 것을 바로 따다 해먹는 것과 달리 묵나물이든 장아찌든 가공해서 먹는 것은 맛의 차원이 다르지요. 일종의 세월을 먹는다 할까. 말린 것이든 발효를 한 것이든 거기에는 꼭 시간이 들어가게 되어 있으니까요.

그래서 겨울은 기다림을 배우는 계절이 아닐까 싶습니다. 기다림에는 보통 인내가 필요하겠지만 그보다는 비움이 더 필요한 덕목일 것 같습니다. 결과를 애타게 기다리다 참지 못하여 일을 그르치는 게 아니라, 기다리는 마음을 계속 비우다 아예 기억조차 희미해질 쯤이면 어느새 뭔가가 슬며시 찾아온다고 할까요.

아무리 보아도 이 비움이란 참으로 기가 막힌 말입니다. 기다림이란 뭔가 부족한 것을 채우기 위한 것일텐데, 그래서 늘 채우려는 마음 때문에 결국 기다림에 지치게 됩니다. 그러나 거꾸로 채우려는 마음을 계속 비우고 비워 기다림의 이유조차 잊어버렸을 때, 짠! 하고 자기도 모르는 사이에 결과는 찾아오게 되어 있지요. 물론 아무것도 하지 않은 게 아니라 가을에 갈무리를 잘 해두고 나면 그 다음엔 세월의 몫이기 때문입니다.

그래서 나는 겨울을 기다림과 비움의 계절이라고 하고 싶습니다. 가을에 거두어 잘 갈무리한 것에 세월이 쌓이도록 기다리고 또 그것으로 추운 겨울을 견디며 따뜻한 봄이 올 것을 기다리는 시간이니까요.